"十四五"技工教育规划教材

三菱FX_{3U} PLC
编程应用基础教学工作页

SANLING FX_{3U} PLC
BIANCHENG YINGYONG JICHU JIAOXUE GONGZUOYE

主 编 佟建波 曾 萍 何 勉

中国地质大学出版社
ZHONGGUO DIZHI DAXUE CHUBANSHE

图书在版编目(CIP)数据

三菱 FX_{3U} PLC 编程应用基础教学工作页/佟建波，曾萍，何勉主编. —武汉：中国地质大学出版社，2021.12(2025.1 重印)

广西中等职业学校数控技术应用品牌专业群建设系列教材

ISBN 978-7-5625-5169-0

Ⅰ.①三…

Ⅱ.①佟… ②曾… ③何…

Ⅲ.①PLC 技术-程序设计-中等专业学校-教材

Ⅳ.TM571.61

中国版本图书馆 CIP 数据核字(2021)第 246299 号

三菱 FX_{3U} PLC 编程应用基础教学工作页

佟建波 曾萍 何勉 **主编**

梁杰 梁洛铭 陈勇言 甘成君 **副主编**

责任编辑：宗宝琴　　责任校对：邝二伟

出版发行：中国地质大学出版社(武汉市洪山区鲁磨路 388 号)　　邮政编码：430074

电话：(027)59817780 67883511　传真：59817780 67883580　http://cmcugp.cug.edu.cn

经　销：全国新华书店　　http://cugp.cug.edu.cn

开本：787 毫米×1092 毫米 1/16　　字数：269 千字　印张：10.25

版次：2021 年 12 月第 1 版　　印次：2025 年 1 月第 3 次印刷

印刷：武汉市盛宏源印务有限公司

ISBN 978-7-5625-5169-0　　定价：29.00 元

《三菱 FX_{3U} PLC 编程应用基础教学工作页》编写名单

主　编	佟建波	曾　萍	何　勉	
副主编	梁　杰	梁洛铭	陈勇言	甘成君
参　编	李小燕	曹宏志	陈　育	谭伟美
	谌湘芬	王立颖	许　萍	陈明菊
	姚明泉	陈辉乾	龚丽丽	赵天新
	陈燕乐	黄彩娟	林楚怡	梁远君
	刘燕萍	凌海全	郑夏燕	李　勇
	梁世江			

前 言

本教材采用理实一体化的编写模式，充分体现以学生为主体的理念，把握课程的知识点和技能点，按照“必需、够用”，兼顾“发展”的原则，循序渐进地组织教材内容。

本教材分 3 个项目，共设置了 11 个任务，主要以三菱 FX_{3U} 型 PLC 为例，介绍了 PLC 控制及应用技术。在教材内容编排上，每个任务以“任务导读——→任务引入——→任务分析——→任务实施——→任务思考——→任务评价”为主线，遵循学生的认知规律，充分体现职业教育的特点，注重实用、够用的原则，以培养学生能力为重点，采用基于任务的能力递进式实践教学体系，将 PLC 的结构及工作原理、指令运用、PLC 控制系统的配置、PLC 编程软件的使用、编程方法和思路等融入实训任务。对于 PLC 内部结构、组成原理及相关指令等理论知识，设置为知识链接供学生自行查阅，培养学生的自学能力和独立处理问题的能力。

本教材在各任务的学习和实施过程中，促进学生的职业意识和职业习惯的形成，提高综合职业素养；重点学习控制系统的构建，功能的运用，程序的设计和控制系统的安装、调试与优化，加强技能训练，培养学生应用 PLC 解决实际问题的能力，以便很好地满足学生职业生涯发展的需要，体现了“做中教，做中学，做中求进步”的职业教育特色。

本教材适合中等职业学校、技工学校的电气类、机电类、电子信息类和电气自动化类专业学生学习，也可作为中、高级电工的培训指导教材。

本教材由佟建波、曾萍、何勉担任主编，梁杰、梁洛铭、陈勇言、甘成君担任副主编，参与教材编写工作的还有李小燕、曹宏志、陈育、谭伟美、谌湘芬、王立颖、许萍、陈明菊、姚明泉、陈辉乾、龚丽丽、赵天新、陈燕乐、黄彩娟、林楚怡、梁远君、刘燕萍、凌海全、郑夏燕、李勇、梁世江。

本教材在编写过程中得到了广西玉林农业学校的学校领导、教学一线同行老师们的大力支持和帮助，在此表示衷心的感谢。

由于编者的精力和水平有限，书中难免出现纰漏和错误，敬请各位同行和广大读者批评指正！

编 者

2021 年 9 月

目 录

项目一

验证性实训项目

项目导读

可编程逻辑控制器（Programmable Logic Controller，PLC），特点为接线简单、维护方便、通用性强，其控制系统采用软件编程实现控制功能，取代了原有继电器硬接线，节省了一部分控制设备的外部接线，同时减少现场安装部分的工作程序。在实际工程设计中，PLC 控制系统的设计、编程和现场接线可同时进行，极大地提高了工作效率，缩短了开发周期。

本项目通过选取控制过程较为简单的工程案例，通过完成三相交流异步电动机正反转控制系统、物料报警系统、密码锁控制系统及四人抢答器控制系统的设计等实际工作任务，帮助学生了解 FX_{3U}-48MR/ES 型 PLC 硬件组成和编程软件，掌握常用编程元件和基本逻辑指令的使用方法，学会运用梯形图和指令语句，提升 PLC 程序设计的基础能力，同时锻炼学生的思维能力。

工作任务

1. 三相交流异步电动机正反转控制系统设计。
2. 物料报警系统设计。
3. 密码锁控制系统设计。
4. 四人抢答器控制系统设计。

学习目标

1. 了解 FX_{3U}系列 PLC 系统的组成和应用。
2. 掌握 PLC 程序设计软件 GX Developer 的使用方法。
3. 认识 PLC 常用编程元件和基本逻辑指令。
4. 会绘制 I/O 分配表和绘制 PLC 接线图，并能正确接线。
5. 熟悉定时器和计数器的功能和使用方法。
6. 会编辑梯形图程序和指令语句表。
7. 能按照任务要求完成控制系统的设计、安装和调试。

建议学时

50 学时。

任务一　三相交流异步电动机正反转控制系统设计

任务导读

知识点	1. 了解 FX_{3U} 系列 PLC 输入/输出点编号及 I/O 分配规则
	2. 熟悉编程元件(X、Y)和基本逻辑指令(LD/LDI/OUT、AND/ANI、OR/ORI、END)的使用方法
技能点	1. 掌握软件 GX Developer 的编程方法和使用技巧
	2. 能够绘制 I/O 接线图,并能安装、调试 PLC 控制的电动机正反转控制系统
实训要求	1. 运用软件 GX Developer 编写正反转控制系统程序,并下载到 PLC
	2. 按照绘制好的 I/O 分配表和接线图进行正反转控制系统的安装、调试、运行
学习思路	通过对点动和连续控制系统设计案例的学习,熟悉 PLC 的组成和工作原理,从而掌握 GX Developer 编程软件的使用方法、系统安装调试技巧,再运用到正反转控制系统的设计中
建议学时	12 学时

任务引入

在实际生产中,许多机械设备往往要求运动部件能自动向相反的两个方向运动,如机床工作台的自动往返运动、升降机或者电梯的升降、电葫芦的电气控制等,这些生产机械都需要运用电动机来实现正反转控制。常见的有三相交流异步电动机正反转继电器控制系统,其电气原理图如图 1-1-1 所示。该电路能够避免三相交流异步电动机由一个转向立即变换为另一个转向,减弱换相时对设备造成的机械冲击,减弱电动机受到的反接电流冲击,延长设备的使用寿命,因此,该电路适用于不能承受转向立即变换的设备。

本次任务将运用三菱 FX_{3U}-48MR/ES 型 PLC 设计三相交流异步电动机正反转控制系统。

任务要求:

本次任务要求有如下 4 点:

(1)按下三相交流异步电动机的正转启动按钮启动正转,按下反转按钮启动反转。

(2)电动机正转时,按下反转启动按钮,电动机由正转变为反转。

(3)电动机反转时,按下正转启动按钮,电动机由反转变为正转。

(4)按下停止按钮,电动机停止运转,电路具有短路和过载保护。

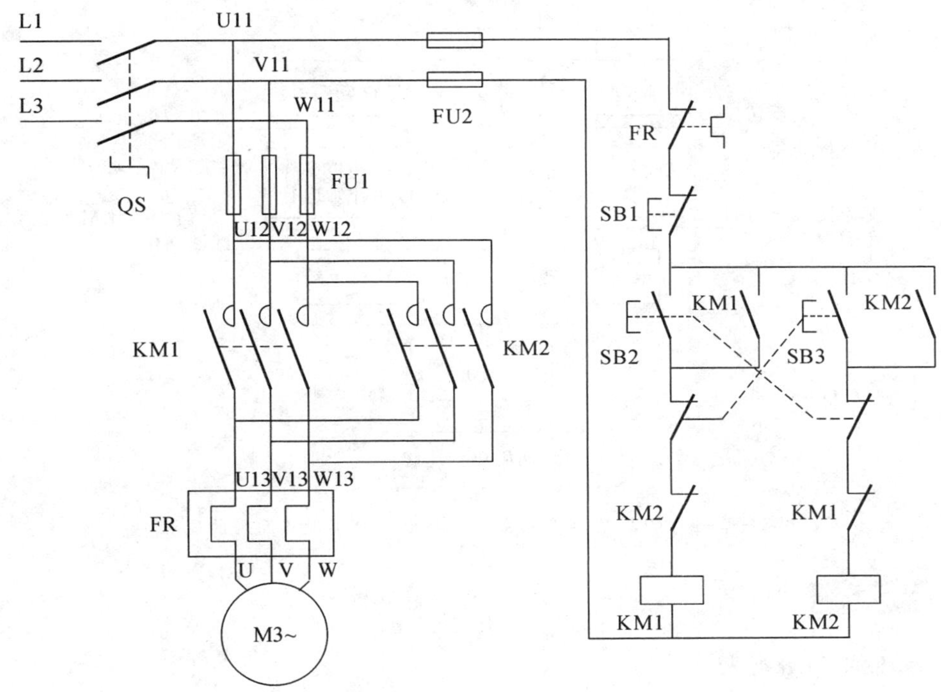

图 1-1-1 三相交流异步电动机正反转继电器控制系统电气原理图

任务分析

由三相交流异步电动机正反转继电器控制系统电气原理图可知,在主电路中,交流接触器 KM1 和 KM2 的主触头不能同时闭合,以免造成电源的相与相之间短路,因此,需要保证其中一个交流接触器得电动作时,另一个交流接触器不能得电。可以在控制电路部分加入电气互锁功能,即在正转控制电路中串接反转交流接触器 KM2 的常闭辅助触点,在反转控制电路中串接正转交流接触器 KM1 的常闭辅助触点,当 KM1 得电动作时,其常闭触点断开,切断反转控制电路;当 KM2 得电动作时,其常闭触点断开,切断正转控制电路。此外,利用复合按钮的常闭触点也可以实现互锁,称为“机械互锁”。

结合三相交流异步电动机正反转继电器控制系统工作原理可知,当用 PLC 控制三相交流异步电动机正反转时,各个主令信号和 PLC 输入点相连,通过 PLC 的输入点启动程序运行,从而控制 PLC 的输出点,再由输出点驱动交流接触器 KM1 和 KM2 的线圈,使交流接触器触点动作,最终实现电动机正反转。因此,PLC 控制系统的主电路应当与继电器控制的电气原理图电路相同,而控制电路的功能则由 PLC 程序来实现。

PLC 控制三相交流异步电动机实现正反转的流程如图 1-1-2 所示。

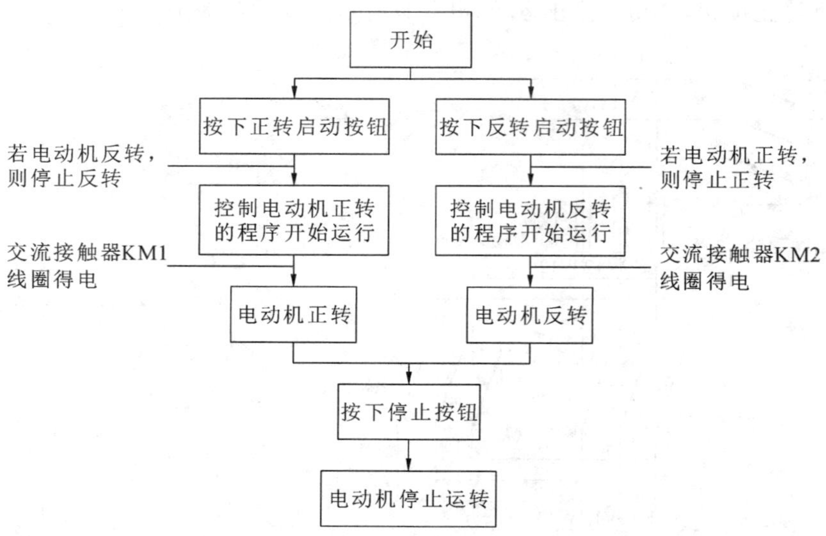

图 1-1-2 PLC 控制三相交流异步电动机实现正反转的流程

任务实施

(一)绘制 I/O 分配表

PLC 控制三相交流异步电动机正反转控制电路的输入/输出(Input/Output，I/O)分配表参见表 1-1-1。

表 1-1-1 三相交流异步电动机正反转控制电路的 I/O 分配表

输入			输出		
元件	作用	PLC 输入点	元件	作用	PLC 输出点
SB1			KM1		
SB2			KM2		
SB3					
FR					

(二)绘制 I/O 接线图

请将图 1-1-3 所示的 FX_{3U}-48MR/ES 型 PLC 控制的三相交流异步电动机正反转电路的 I/O 接线图补充完整。

(三)系统安装

1. 元件器材

FX_{3U}-48MR/ES 型 PLC 控制三相交流异步电动机正反转系统所需元件器材参见表1-1-2。

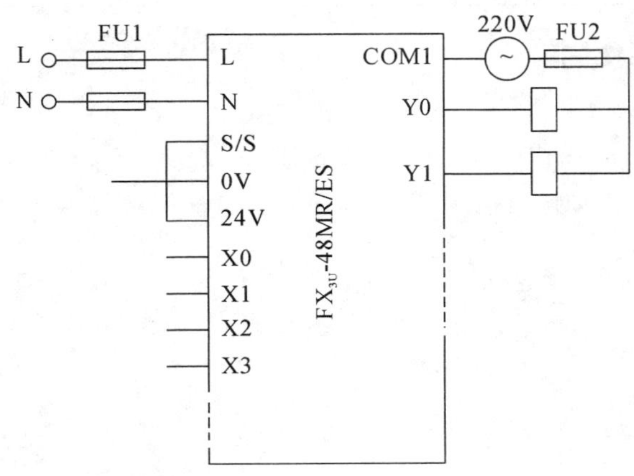

图 1-1-3 绘制 I/O 接线图

表 1-1-2 所需元件器材

序号	名称	型号规格	数量	单位	备注
1	计算机	装有 GX Developer 编程软件	1	台	
2	PLC	FX_{3U}-48MR/ES	1	台	
3	安装板	600mm×900mm	1	块	
4	熔断器	RT28-32	7	只	
5	空气断路器	Multi9 C65N D20	1	只	
6	接触器	NC3-09/220	2	只	
7	热继电器	NR4-63(1-1.6A)	1	只	
8	三相交流异步电动机	JW6324-380V 250W 0.85A	1	只	
9	控制变压器	JBK3-100 380/220V	1	只	
10	按钮	LA4-3H	1	只	
11	导轨	C45	0.3	米	
12	端子	D-20	20	只	
13	铜塑线	BV1/1.37mm²	10	米	主电路
14		BV1/1.13mm²	15	米	控制电路
15		BVR7/0.75mm²	10	米	
16	紧固件		若干	只	

2. 安装接线

结合图 1-1-3 所示的 I/O 接线图和表 1-1-2 所示的元件器材，完成 FX_{3U}-48MR/ES 型 PLC 控制的三相交流异步电动机正反转的主电路和控制电路安装接线。要求在下面方框内写出接线要求与步骤。

（四）程序设计

（1）根据 FX_{3U}-48MR/ES 型 PLC 控制的三相交流异步电动机正反转电路的 I/O 接线图可知，按钮______和______的常开触点分别连接输入端的______、______，停止按钮和热继电器的常闭触点分别连接输入端的______、______，交流接触器 KM1、KM2 连接 PLC 的输出端和______。当输出端______得电，接触器 KM1 吸合，KM2 断开，电动机______转；当输出端______得电，接触器 KM2 吸合，KM1 断开，电动机______转。

（2）将如图 1-1-4 所示的电动机正反转控制梯形图程序编写完整。

（3）根据电动机正反转控制梯形图程序将图 1-1-5 所示的指令语句填写完整。

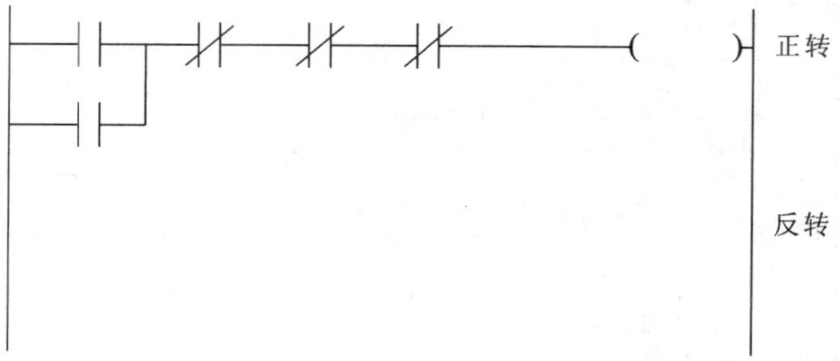

正转

反转

图 1-1-4 电动机正反转控制梯形图程序

```
0 LD   X(  )
1 OR   Y(  )
2 ANI  X(  )
3 ANI  X(  )
4 ANI  X(  )
5 OUT  Y(  )
```

图 1-1-5 指令语句

（五）系统调试

（1）将程序写入 PLC，并启动程序监控。

（2）运用软元件测试，模拟正反转系统控制过程，观察程序运行是否符合任务要求。

（3）结合监控模式观察到的异常现象修改梯形图程序。

现象一：______

修改方法：______

现象二：______

修改方法：______________________________

现象三：______________________________
修改方法：______________________________

(4)梯形图修改完毕，重新将程序写入 PLC，通电测试正反转电路功能是否实现，根据故障现象检修电路。

故障一：______________________________
检修方法：______________________________

故障二：______________________________
检修方法：______________________________

故障三：______________________________
检修方法：______________________________

(5)故障检修完毕，重新通电测试，直至系统正常工作。

任务思考

1. 为什么输入端所接按钮不用接外部电源，而输出端的负载一定要接外部电源？

____

____

2. 在梯形图与指令表的编辑中，程序的插入、删除、修改应如何进行操作？

____

____

3. FX_{3U}-48MR/ES 型 PLC 采用何种输入形式？输入、输出点数各是多少？

____

____

4. 绘制梯形图时要遵循哪些规则？

____

____

拓展与延伸

1. 利用 PLC 实现控制线路功能

如图 1-1-6 所示为电力拖动皮带控制工件自动往返示意图，系统启动前，工件在原始位置 A 点时，SQ1 被触发动作。当按下启动按钮，皮带带动工件向右运动，当到达 B 点时，SQ2 被触发动作，皮带带动工件向左运动，循环运行直至按下停止按钮后，工件返回到 A 点结束动作。请利用 PLC 实现控制线路功能。

2. 设计电动机启停控制程序

请利用上升沿指令和下降沿指令，按下列操作步骤设计电动机启停控制程序。

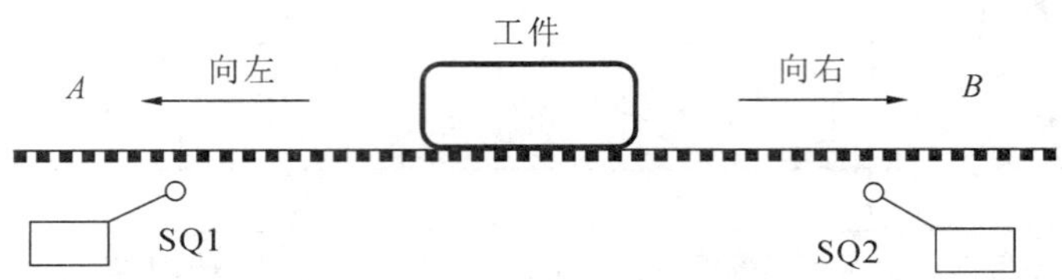

图 1-1-6 电力拖动皮带控制工件自动往返示意图

(1)按下启动按钮时,电动机开始连续运行,按下停止按钮还未松开时,电动机不停,而松开时,电动机停止运行。

(2)按下启动按钮时,电动机不运行,而松开时,电动机开始连续运行,按下停止按钮还未松开时,电动机就已经停止运行。

任务评价

采用小组协作完成的方式,根据任务完成情况填写表 1-1-3,完成考核评价。

表 1-1-3 评分标准

班别:		小组:	姓名:			
考核内容	考核标准	分值	学生自评 30%	学生互评 30%	教师考评 40%	得分
I/O 分配	1. I/O 分配表绘制合理、规范	6				
	2. I/O 接线图绘制规范、正确	6				
程序设计	1. 熟练使用 GX Developer 编程软件	10				
	2. 程序设计规范、正确,能实现系统控制功能	10				
程序输入	1. 指令输入熟练、正确	8				
	2. 程序编辑、传输方法正确	8				
系统安装调试	1. 系统电路接线完整、正确,有必要的保护	5				
	2. 安装接线遵循安装原则,符合工艺要求	5				
	3. 调试方法合理、正确	5				
	4. 能正常启动电动机正转	5				
	5. 能正常启动电动机反转	5				
	6. 能正常切断电动机正转或电动机反转	5				
	7. 能正确分析常见故障和使用工具排除故障	5				

续表 1-1-3

班别：		小组：	姓名：			
考核内容	考核标准	分值	学生自评 30%	学生互评 30%	教师考评 40%	得分
学习能力	1.解答问题正确，思路清晰	5				
	2.在规定时间内完成任务	2				
	3.团结协作，学习积极主动	5				
职业素养	任务完成后，将实训导线及其他实训物品整理好，放回指定位置	5				
总分		100				

知识链接

一、基础知识

(一)认识 PLC

PLC 是美国通用汽车公司于 1968 年因为生产的需要而提出的，主要用来取代继电接触控制系统。1969 年，美国数字设备公司研制出了第一台可编程控制器 PDP-14，在美国通用汽车公司的生产线上试用成功，首次采用程序化的手段应用于电气控制，这是第一代可编程序控制器，是世界上公认的第一台 PLC。

最初的 PLC 只具备逻辑控制、定时、计数等功能。随着电子技术、计算机技术、通信技术和控制技术的迅速发展，可编程序控制器的功能已远远超出了顺序控制的范围。有一段时间被称为可编程控制器(Programmable Controller，PC)。为区别于个人计算机(Personal Computer，PC)，故仍沿用 PLC 这个缩写。

1. PLC 的特点

(1)可靠性高，抗干扰能力强。

(2)编程简单，使用方便。

(3)通用性强，灵活性好，功能齐全。

(4)安装简单，调试维护方便。

(5)体积小，能耗低，性价比高。

2. PLC 的分类

(1)按结构形式分为整体式、模块式和叠装式。

(2)按功能分为低档、中档和高档。

(3)按 I/O 点数分为小型、中型和大型。

3. PLC 的构成

PLC 实质上是一种工业控制用的专用计算机，其系统与微型计算机的结构基本相同，主要由中央处理器(Central Processing Unit,CPU)、存储器、I/O 接口、外部设备接口、电源等组成。PLC 的结构组成如图 1-1-7 所示。

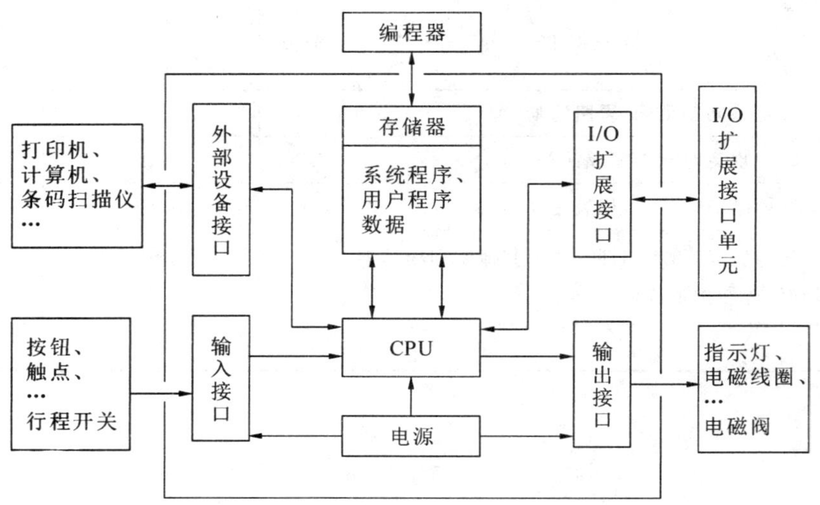

图 1-1-7　PLC 的结构组成

(1)CPU。CPU 是 PLC 的核心部件,主要功能是将输入信号送入 PLC 进行编译,完成用户指令规定的各种操作,将结果送到输出端,并响应外部设备的请求,以及进行各种内部诊断。

(2)存储器。PLC 的存储器包括系统存储器和用户存储器两个部分。系统存储器存放 PLC 内部系统管理程序,系统程序关系到 PLC 的性能,由生产厂家固化在只读存储器或可编程只读存储器中,在用户使用 PLC 过程中不会被更改。用户存储器主要用于存储用户程序及工作数据等,其内容可以由用户修改或删除。

(3)I/O 接口。I/O 接口是将 PLC 与现场输入/输出设备或者其他外部设备连接起来的部件。输入接口接受现场输入设备的控制信号,并将这些信号转换成 CPU 能接受和处理的数字信号输入主机。输出接口是将用户程序的逻辑运算结果通过输出电路驱动输出设备。

(4)外部设备接口。PLC 通过外部设备接口与编程器、打印机、其他 PLC、计算机等设备实现通信,并可组成多机系统或组成网络,实现更大规模控制。

(5)I/O 扩展接口。I/O 扩展接口用于系统扩展,可以扩充开关量 I/O 点数和增加模拟量的 I/O 端子,也可以配接智能单元完成特定的功能,使 PLC 的配置更加灵活,以满足不同控制系统的需要。

(6)电源。PLC 内部为 CPU、存储器、I/O 接口等工作电路配备了直流开关稳压电源,可为各工作电路提供所需的直流电源,以及为外部输入元件提供 24V 直流电源。

4. PLC 的扫描方式

PLC 运行程序时,会从第一条指令开始逐条扫描执行,如果无跳转指令,则逐条执行直到结束指令,然后再返回第一条指令开始执行,周而复始,不断循环,这种执行程序的方式称为循环扫描工作方式。每扫描完一次程序构成一个扫描周期。

PLC 一个扫描周期分为 3 个阶段:输入采样刷新阶段、用户程序执行阶段和输出刷新阶

段，如图 1-1-8 所示。

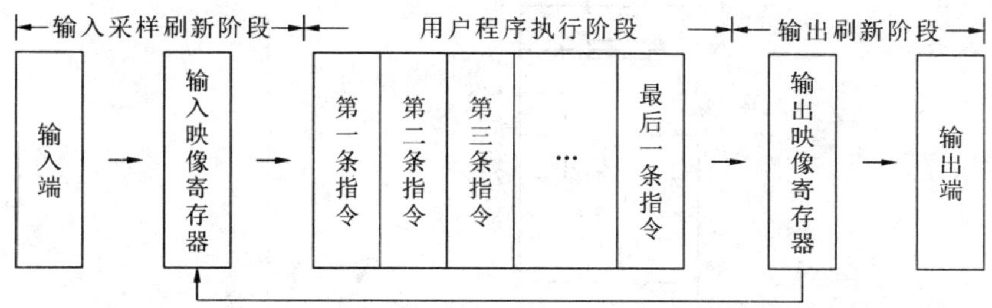

图 1-1-8 PLC 扫描周期

(二)三菱 FX_{3U}-48MR/ES 可编程控制器

FX_{3U}是日本三菱公司推出的小型 PLC 机型，其基本单元按输入/输出点数之和可分为 FX_{3U}-16M、FX_{3U}-32M、FX_{3U}-48M、FX_{3U}-64M、FX_{3U}-80M 和 FX_{3U}-128M，共 6 种，本书主要选用 FX_{3U}-48MR/ES 型 PLC 作为载体进行阐述，其型号的含义如图 1-1-9 所示。

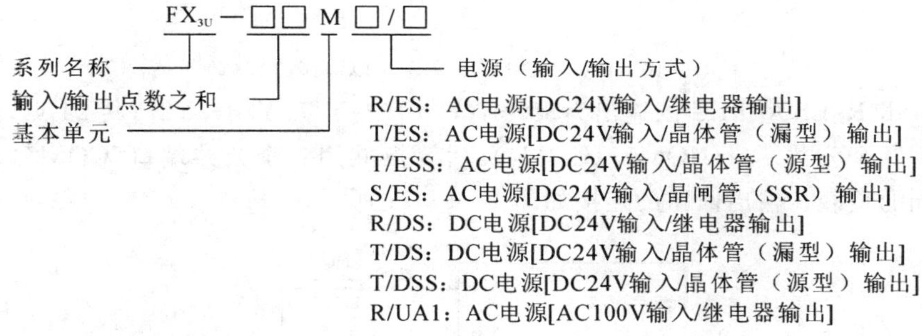

图 1-1-9 PLC 型号的含义

1. 输入继电器(X)

PLC 的输入端子是从外部接收信号的端口，用于连接外部输入设备(如按钮、转换开关、行程开关、继电器触点和各类传感器等)。与输入端子对应的输入继电器(X)是用光电隔离的电子继电器，外部控制信号通过输入继电器传送到 PLC 内部。输入继电器(X)按八进制编码，线圈的通断取决于 PLC 外部触点的状态，不能用程序指令驱动。PLC 内部提供常开/常闭触点供编程使用，使用次数不限。输入回路的连接如图 1-1-10 所示。

FX_{3U}-48MR/ES 型 PLC 的输入为 X0～X7、X10～X17、X20～X27，共 24 点，以八进制编码。由于该型号 PLC 为漏型输入，因此将 24V 电源和 S/S 端短接，为输入回路供电，也作为传感器电源，0V 端为输入公共端。运行状态(RUN/STOP)可以通过面板上的转换开关进行切换，也可以在编程软件中直接切换。

2. 输出继电器(Y)

PLC 的输出端子是向外部负载输出信号的端口，用于驱动负载(接触器、电磁阀和指示灯等)实现控制。与输出端子对应的输出继电器(Y)的状态由用户程序控制，输出继电器(Y)得电，其对应的软触点动作，电源加到负载上，负载被驱动。输出继电器(Y)以八进制编

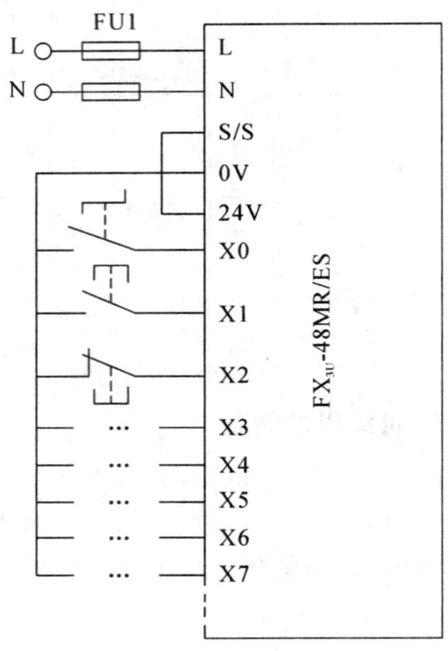

图 1-1-10　FX_{3U}-48MR/ES 型 PLC 输入回路的连接

码，FX_{3U}-48MR/ES 型 PLC 的输出为 Y0～Y7、Y10～Y17、Y20～Y27，共 24 点，前 16 点中每 4 点共用一个公共端口（COM1～COM4），后 8 点共用一个公共端口（COM5），以适应额定电压不同的负载。输出回路的连接如图 1-1-11 所示。

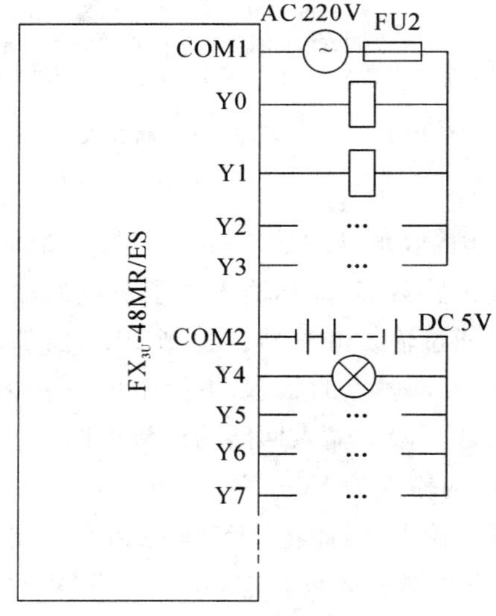

图 1-1-11　FX_{3U}-48MR/ES 的 PLC 输出回路的连接

（三）GX Developer 编程软件的应用

GX Developer 编程软件可以为 FX、A、QnA、Q 系列 PLC 生产程序。下面以点动控制为例，主要对 GX Developer 编程软件如何进行用户程序的创建、编辑、下载及监控进行

介绍。

1. 运行软件

双击桌面 GX Developer 编程软件图标，出现如图 1－1－12 所示初始界面。

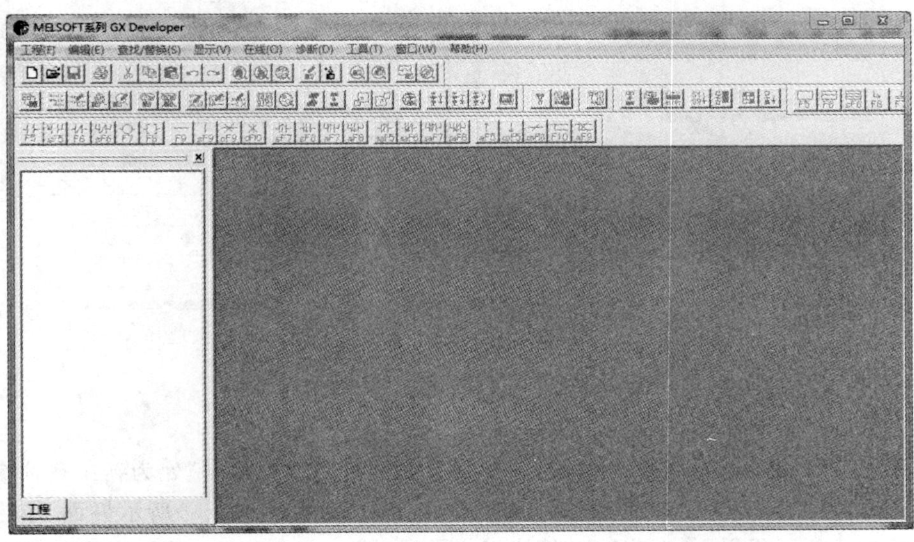

图 1－1－12　GX Developer 编程软件的初始界面

2. 创建新工程

单击菜单栏的“工程”，在下拉菜单中选择“创建新工程”，此时弹出“创建新工程”对话框，如图 1－1－13 所示。

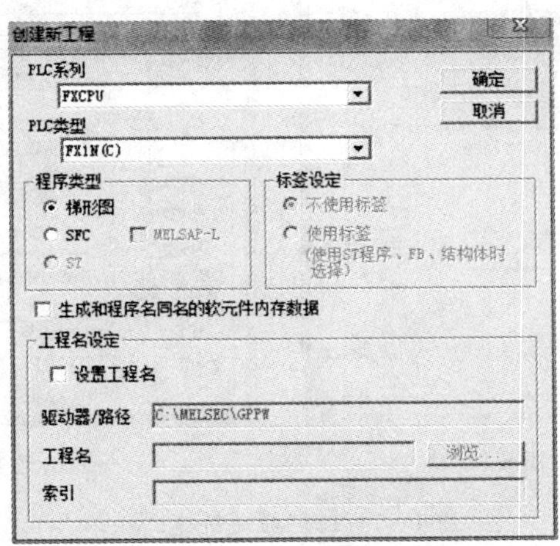

图 1－1－13　创建新工程

3. 系列与类型选择

在“创建新工程”对话框中，PLC 系列选择“FXCPU”，PLC 类型选择“FX3U(C)”，程序类型选择“梯形图”，如图 1－1－14 所示。

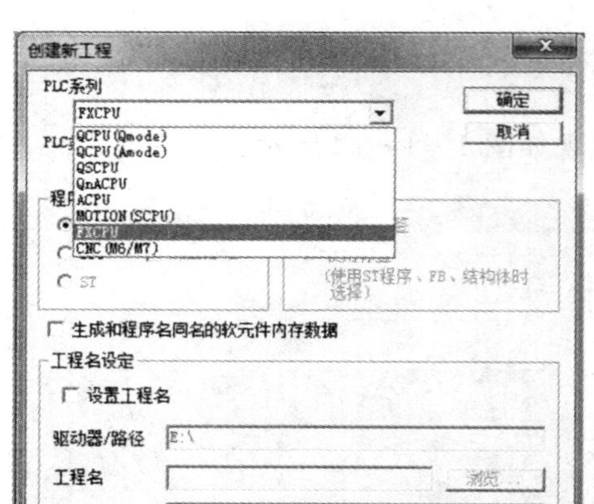

(a) PLC系列选择

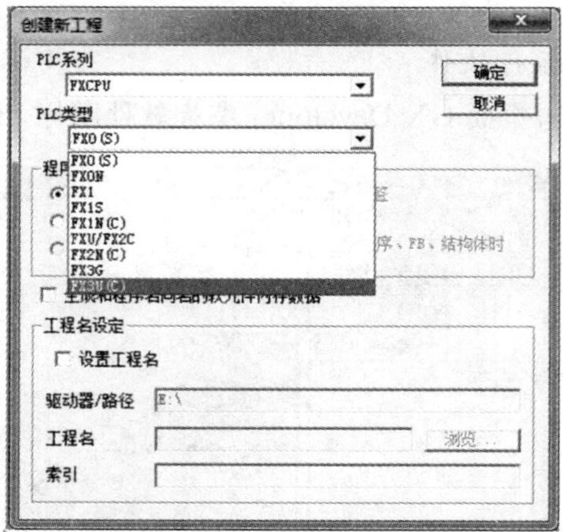

(b) PLC类型选择

图 1-1-14 PLC 系列与类型选择

4. 工程命名与保存

在“创建新工程”对话框“设置工程名”前面方框打钩，在“工程名”处为新工程命名(如电动机正反转)，点击“浏览”选择新工程的保存路径。如图 1-1-15(a)所示界面，单击“新建文件”回到创建新工程界面，单击“确定”按钮，弹出如图 1-1-15(b)所示对话框，选择“是”，出现如图 1-1-16 所示界面。

(a) 单击“新建文件”

(b) 选择“是”

图 1-1-15 确定新建工程

二、梯形图及相关指令

(一)PLC 常用梯形图符号

PLC(FX 系列)梯形图的常用图形符号如图 1-1-17 所示。本任务用到的梯形图符号为常开触点、常闭触点、母线、输出元件。

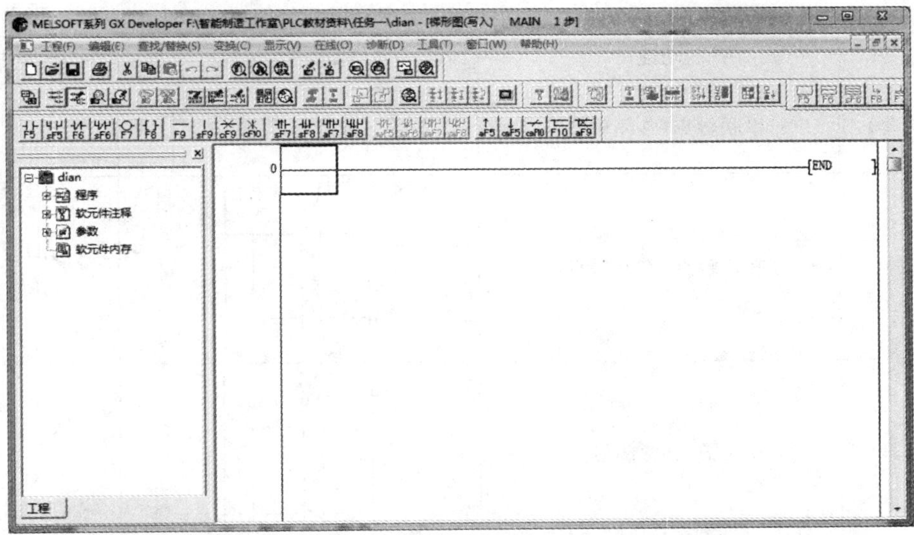

图 1-1-16　新工程创建完毕

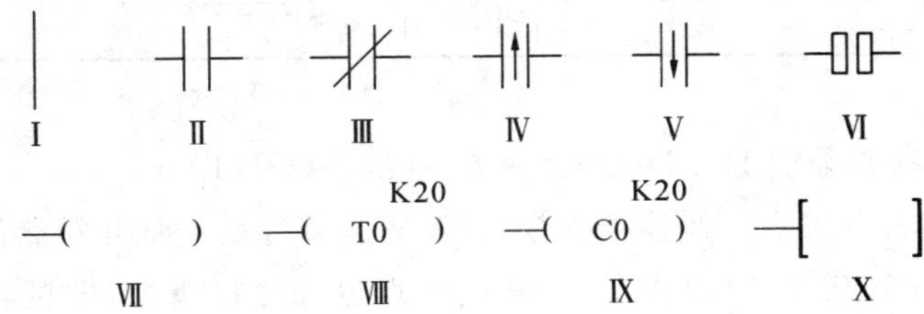

Ⅰ—母线；Ⅱ—常开触点；Ⅲ—常闭触点；Ⅳ—上升沿脉冲触点；Ⅴ—下降沿脉冲触点；Ⅵ—状态元件；Ⅶ—输出元件；Ⅷ—定时器线圈；Ⅸ—计数器线圈；Ⅹ—功能元件。

图 1-1-17　PLC 常用图形符号

(二)相关指令运用

本任务用到的 PLC 指令见表 1-1-4。

表 1-1-4　PLC 指令

基本指令	功能	梯形图表示	指令表达
LD(取)	接左母线的常开触点	X0	LD　X0
LDI(取反)	接左母线的常闭触点	X1	LDI　X1
AND(与)	串联触点(常开触点)	X0　X1	LD　X0 AND　X1

续表 1-1-4

基本指令	功能	梯形图表示	指令表达
ANI(与非)	串联触点(常闭触点)	X0 X1	LD X0 ANI X1
OR(或)	并联触点(常开触点)	X0 X1	LD X0 OR X1
ORI(或非)	并联触点(常闭触点)	X0 X1	LD X0 ORI X1
OUT(输出)	驱动执行元件	X0 Y0	LD X0 OUT Y0

1. 触点母线连接指令(LD、LDI)与线圈驱动指令(OUT)

(1)取指令 LD:常开触点母线连接指令,即逻辑运算起始于常开触点。

(2)取反指令 LDI(又称“取非指令”):常闭触点母线连接指令,即逻辑运算起始于常闭触点。

LD、LDI 指令的操作元件为:输入继电器 X、输出继电器 Y、辅助继电器 M、定时器 T、计数器 C、状态器 S、寄存器的某一位等软元件的触点。

(3)驱动指令 OUT(又称“输出指令”):线圈驱动指令,根据逻辑运算结果驱动一个指定线圈,通常作为一个逻辑行的结束。

OUT 指令的操作元件为:输出继电器 Y、辅助继电器 M、定时器 T、计数器 C、状态器 S、寄存器的某一位等软元件的线圈。

对于定时器 T 和计数器 C 来说,运用 OUT 指令后需加上设定值。OUT 指令可以多次连续使用。OUT 指令不能驱动输入继电器 X。

门铃控制

运用 PLC 设计一个门铃按钮电路,当门铃按钮按下时,门铃响。

采用 I/O 分配表来确定输入、输出与实际元件的控制关系,门铃控制电路的 I/O 分配表见表 1-1-5。

表 1-1-5　门铃控制电路的 I/O 分配表

输入		输出	
元件	输入点	元件	输出点
按钮	X0	门铃	Y0

根据 I/O 分配表得到门铃控制电路外部元件接线，如图 1-1-18 所示。

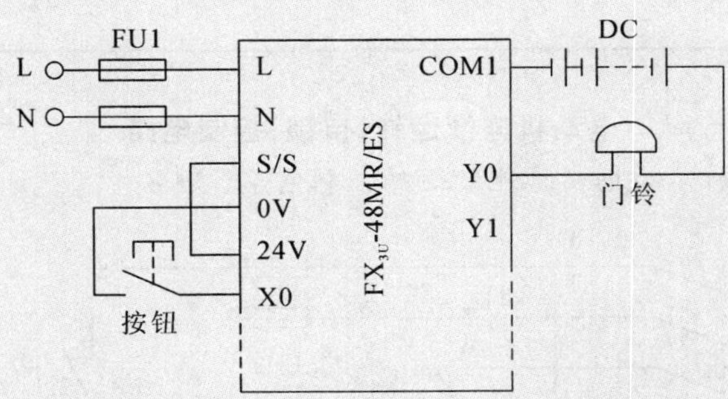

图 1-1-18　门铃控制电路外部元件接线

由上述要求可知，该门铃控制实质上就是一个点动控制，采用如图 1-1-19(a)所示梯形图程序可解决问题，对应的指令语句表如图 1-1-19(b)所示。

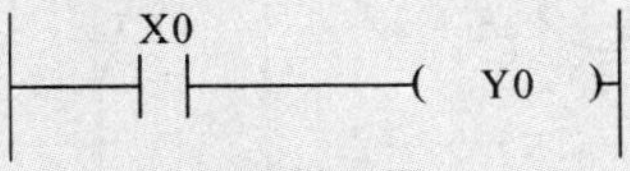

X0　　　(Y0)

(a) 梯形图

0	LD	X0
1	OUT	Y0

(b) 指令语句表

图 1-1-19　门铃控制程序

2. 触点串联指令(AND、ANI)

(1)与指令 AND：常开触点串联连接，用于单个常开触点的串联，“与”操作指令。

(2)与非指令 ANI：常闭触点串联连接，用于单个常闭触点的串联，“与非”操作指令。

AND、ANI 指令的操作元件为：输入继电器 X、输出继电器 Y、辅助继电器 M、定时器 T、计数器 C、状态器 S、寄存器的某一位等软元件的触点。

AND、ANI 指令使用次数不限，可连续重复使用。应用举例如图 1-1-20 所示。

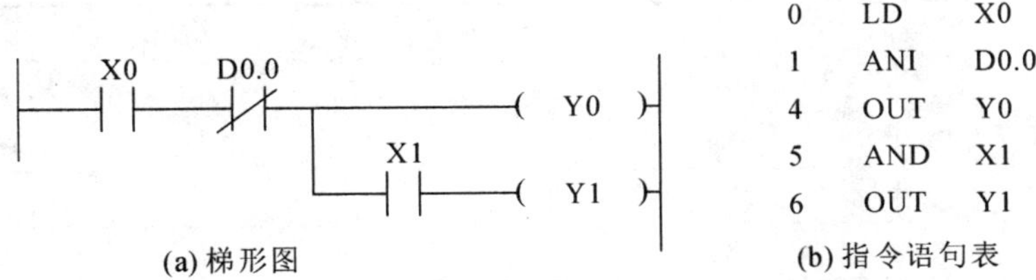

图 1-1-20　AND、ANI 指令的应用

数据寄存器 D 的位触点的接通与断开取决于该位的值是 0 还是 1。当 D0.0=0 时，其触点保持原始状态；当 D0.0=1 时，其触点动作，即常开触点闭合，常闭触点断开。

3. 触点并联指令（OR、ORI）

(1)或指令 OR：常开触点并联指令，用于单个常开触点的并联，“或”操作指令。

(2)或非指令 ORI：常闭触点并联指令，用于单个常闭触点的并联，“或非”操作指令。

OR、ORI 指令的操作元件为：输入继电器 X、输出继电器 Y、辅助继电器 M、定时器 T、计数器 C、状态器 S、寄存器的某一位等软元件的触点。

应用实例

电动机连续运转（自锁）控制电路

如图 1-1-21 所示为电动机连续运转控制电路。

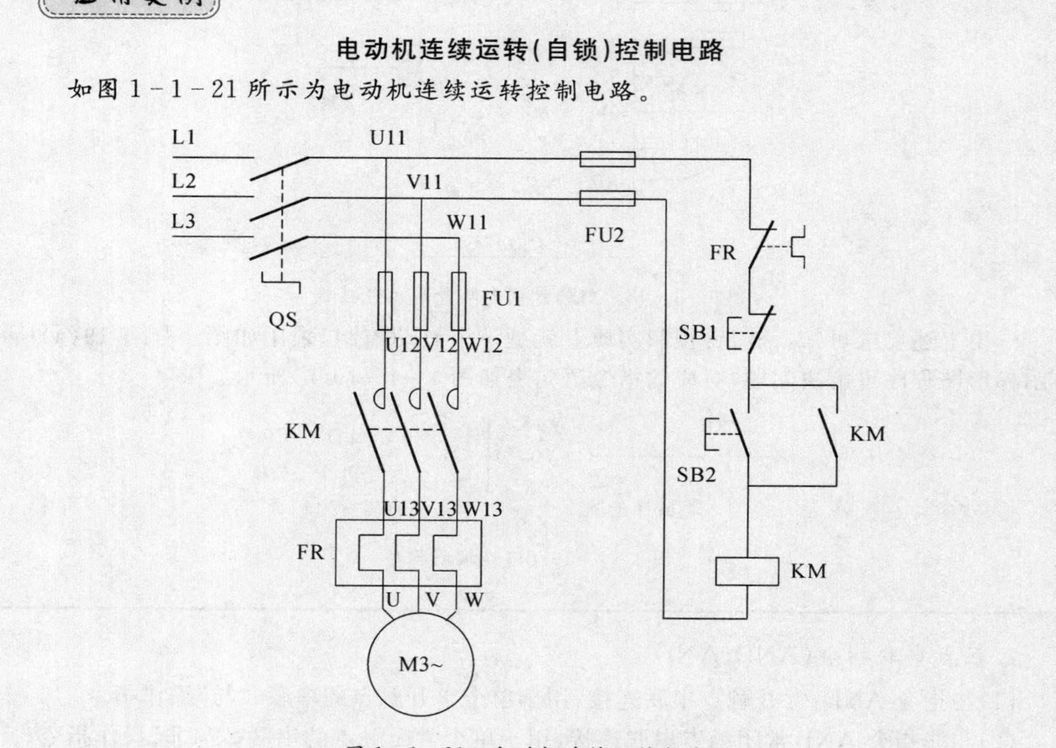

图 1-1-21 电动机连续运转电路

按下按钮 SB2，电动机启动运转，按下停止按钮 SB1，电动机停止运转。用 PLC 实现电动机连续运转控制电路的 I/O 分配见表 1-1-6。

表 1-1-6 电动机连续运转控制电路的 I/O 分配表

输入		输出	
元件	输入点	元件	输出点
SB1	X0	KM	Y0
SB2	X1		
FR	X2		

用三菱 FX_{3U}-48MR/ES 型 PLC 实现电动机连续运转控制电路的外部元件接线如图 1-1-22 所示。

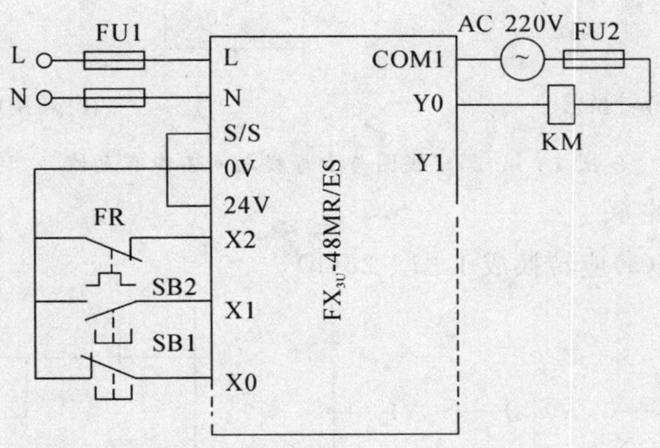

图 1-1-22 电动机连续运转控制电路的外部元件接线

PLC 控制电动机连续运转的梯形图和指令语句表如图 1-1-23 所示。

(a) 梯形图

0	LD	X1
1	OR	Y0
2	ANI	X0
3	ANI	X2
4	OUT	Y0

(b) 指令语句表

图 1-1-23 电动机连续运转控制电路程序

OR、ORI 指令可连续使用，并且使用次数不限。OR、ORI 指令的应用如图 1-1-24 所示。

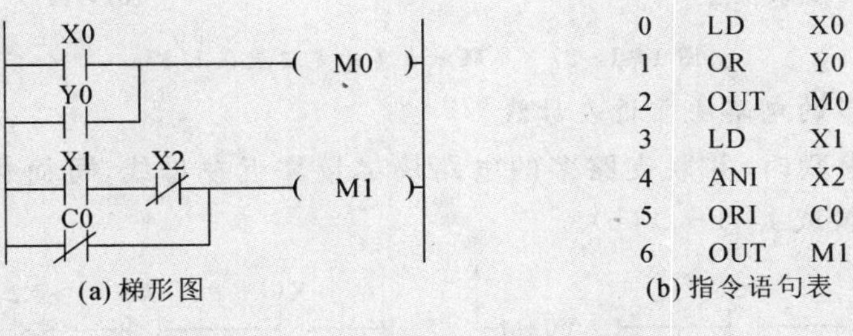

(a) 梯形图

0	LD	X0
1	OR	Y0
2	OUT	M0
3	LD	X1
4	ANI	X2
5	ORI	C0
6	OUT	M1

(b) 指令语句表

图 1-1-24 OR、ORI 指令的应用

(三)梯形图程序设计原则

梯形图程序与继电器控制电路很相似，但也存在差异，在设计梯形图程序时要遵循程序设计原则。

1. 线圈与右母线之间不能有元件

梯形图程序起始于左母线，终止于右母线，应按照自上而下、从左至右的方式编制，逻辑线圈与右母线直接相连，中间不能有任何元件。例如，图 1-1-25(a)应转换成 1-1-25(b)。

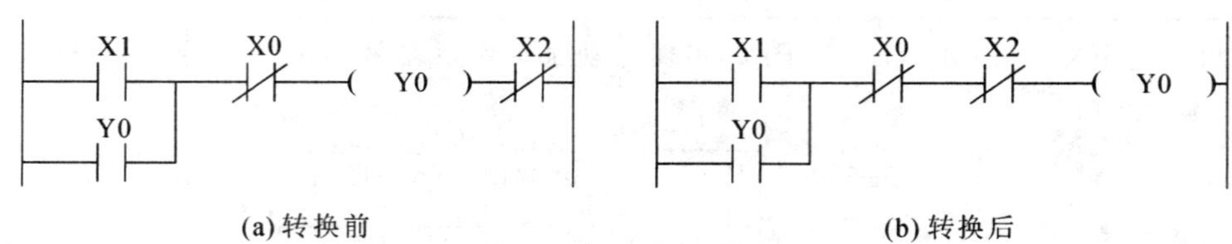

(a) 转换前　　(b) 转换后

图 1－1－25　线圈与右母线之间不能有元件

2. 输出元件不能串联

例如，图 1－1－26(a)应转换成 1－1－26(b)。

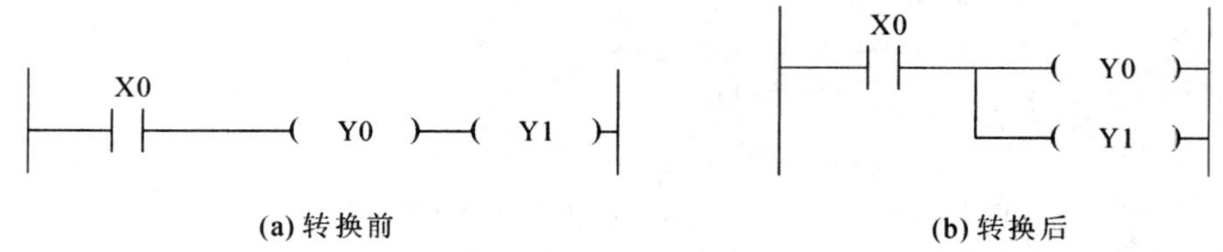

(a) 转换前　　(b) 转换后

图 1－1－26　输出元件不能串联

3. 串联触点多的支路放在上方

几条支路并联时，串联触点多的支路应尽量放在上方，可简化程序。例如，图 1－1－27(a)应转换成 1－1－27(b)。

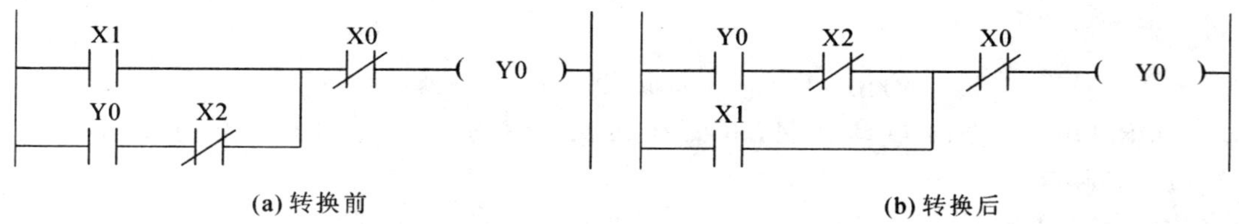

(a) 转换前　　(b) 转换后

图 1－1－27　串联触点多的支路放在上方

4. 并联支路多的电路块靠近左母线

并联电路块串联时，并联支路多的电路块尽量靠近左母线，可简化程序。例如，图 1－1－28(a)应转换成 1－1－28(b)。

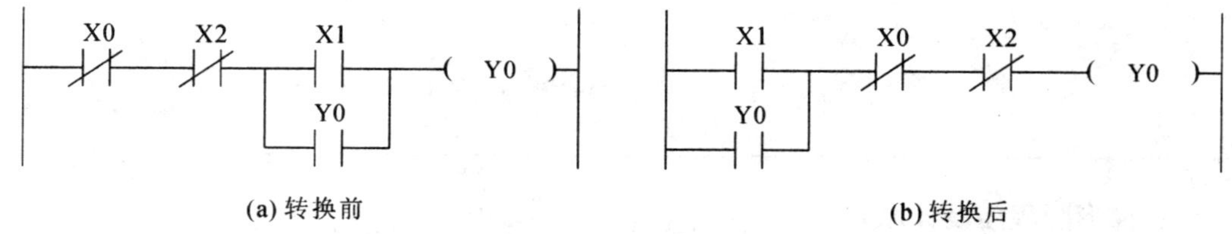

(a) 转换前　　(b) 转换后

图 1－1－28　并联支路多的电路块靠近左母线

5. 桥式电路转换

桥式电路应转换为连接关系更明确的电路，否则无法在软件中编制。例如，图 1－1－29(a)应转换成 1－1－29(b)。

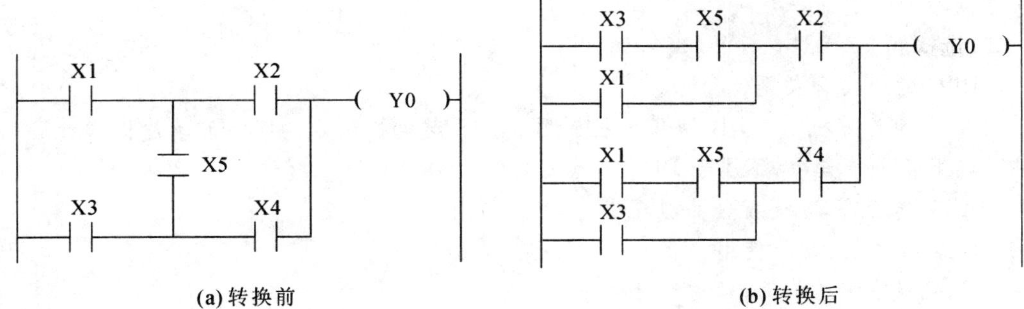

(a) 转换前　　(b) 转换后

图 1-1-29　桥式电路转换

6. 不宜出现双线圈

在梯形图中，一般不宜出现双线圈。例如，图 1-1-30(a)应转换成 1-1-30(b)。

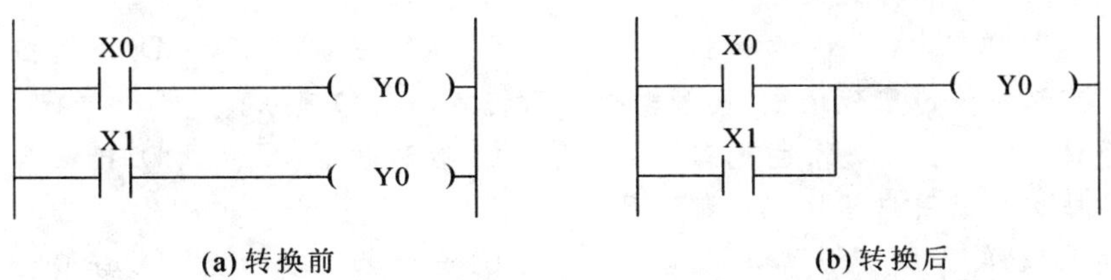

(a) 转换前　　(b) 转换后

图 1-1-30　不宜出现双线圈

习　题

一、填空题

1. PLC 的扫描工作过程分为 3 个阶段，即__________、__________和__________，这 3 个阶段是分时完成的。

2. 三菱 FX_{3U}-48MR/ES 型 PLC 面板上 RUN 运行指示灯(绿灯)亮表示__________。

3. PLC 的系统程序存储器用来存放__________。

4. PLC 内部与输入端子连接的输入继电器 X 是用__________的电子继电器，它们的编号与接线端子一致，按__________进行编号。

5. 输出继电器的线圈通断由__________驱动，输出继电器也按照__________编号。

6. 在 PLC 编程软件 GX Developer 中，常开触点符号为__________，常闭触点符号为__________。

7. 在电机正反转电路中，启动按钮属于__________(填"输入"或"输出")器件，停止按钮属于__________(填"输入"或"输出")器件，线圈属于__________(填"输入"或"输出")器件。

8. 取指令 LD 功能是取用__________相连；取反指令 LDI 功能是取用__________相连。

9. OUT 指令不能驱动__________线圈。

10. 与指令 AND 功能是__________串联连接；与非指令 ANI 功能是__________

串联连接。

二、选择题

1. PLC 的中文含义是(　　)。

A. 个人计算机　　B. 可编程控制器　　C. 继电控制器　　D. 单片机

2. 以下几个特点中,不属于 PLC 特点的是(　　)。

A. 可靠性高,抗干扰能力强

B. 编程方便,易于使用

C. 控制系统结构简单,通用性强

D. 能够完全代替控制电路,完成对各种电器的控制

3. PLC 循环执行的工作阶段不包括(　　)。

A. 初始化　　B. 输入处理　　C. 程序执行　　D. 输出处理

4. PLC 采用的工作方式是(　　)。

A. 键盘扫描　　B. 循环扫描　　C. 逐行扫描　　D. 逻辑扫描

5. PLC 控制系统能取代继电-接触器控制系统的(　　)部分。

A. 整体　　B. 主电路　　C. 控制电路　　D. 接触器

6. PLC 每次扫描用户程序之前都可执行(　　)。

A. 输入取样　　B. 输出刷新　　C. 自诊断　　D. 与编程器等通信

7. 常闭触点采用下列哪个符号表示?(　　)

A. ┤├　　B. ┤/├　　C. ─(　　)─

8. 常开触点采用下列哪个符号表示?(　　)

A. ┤├　　B. ┤/├　　C. ─(　　)─

9. 线圈采用(　　)符号表示。

A. ┤├　　B. ┤/├　　C. ─(　　)─

10. PLC 内部继电器的触点在编程时(　　)。

A. 可多次重复使用　　B. 只能使用一次

C. 最多使用两次　　D. 每种继电器规定次数不同

11. 状态由外部控制现场的信号驱动的是(　　)。

A. 输入继电器　　B. 输出继电器

C. 辅助继电器　　D. 数据寄存器

12. 驱动外部负载的继电器是(　　)。

A. 输入继电器　　B. 输出继电器

C. 辅助继电器　　D. 数据寄存器

13. FX_{3U} 系列 PLC 中的输入、输出继电器器件编号采用(　　)。

A. 十进制　　B. 八进制　　C. 二进制　　D. 十六进制

14. 下列 PLC 指令中,用于线圈驱动的是(　　)。

A. OUT　　B. ORI　　C. LD　　D. AND

15. ORI 指令用于(　　)。

A. 串联常开触点　　B. 串联常闭触点

C. 并联常开触点　　D. 并联常闭触点

三、判断题

1. PLC 是以并行方式进行工作的。(　　)

2. PLC 的输入端可与机械系统上的触点开关、接近开关、传感器等直接连接。(　　)

3. PLC 一般由 CPU、存储器、输入/输出接口、电源、传感器 5 个部分组成。(　　)

4. FX 系列 PLC 输入继电器是用程序驱动的。(　　)

5. FX 系列 PLC 输出继电器是用程序驱动的。(　　)

6. 在本任务的电动机正反转控制程序中,将 Y0 线圈的常闭触点并联接在启动按钮下,实现自锁。(　　)

7. 在本任务的电动机正反转控制程序中,将 SB3 的常闭触点串联接在另一条支路(Y0)中,实现互锁。(　　)

8. 在将程序写入 PLC 之前,需要变换,按键盘的 F5 键即可。(　　)

9. LD 与 LDI 指令用于与母线相连的接点,作为一个逻辑行的开始,还可用于分支电路的起点。(　　)

10. 驱动指令 OUT 又称为输出指令,它的功能是驱动一个线圈,通常作为一个逻辑行的开始。(　　)

11. AND、ANI 指令用于一个触点的并联,但并联触点的数量不限,这两个指令可连续使用。(　　)

12. OR、ORI 可连续使用,并且不受使用次数的限制。(　　)

四、简答题

1. PLC 有哪些主要特点?

2. 写出电动机正反转控制训练的控制程序。

3. 绘制电动机正反转控制训练的 I/O 分配表。

五、设计题

某彩灯控制系统,按下按钮 SB1,小灯 HL1 长亮,再按下 SB2,小灯 HL2 长亮,之后按下按钮 SB3,小灯 HL3 长亮,HL1 亮后,HL2 才能亮,HL2 亮后,HL3 才能亮。按下按钮 SB4,3 个小灯全部熄灭。按步骤设计 PLC 控制电路。

任务二　物料报警系统设计

任务导读

知识点	1. 了解定时器 T 和辅助继电器 M 的类型
	2. 熟悉编程元件(T、M)和多重输出电路指令(MPS、MRD、MPP)的使用方法
技能点	1. 掌握定时器 T 和辅助继电器 M 的运用技巧
	2. 能够绘制 I/O 接线图,并能正确安装物料报警系统
	3. 能编辑物料报警系统程序,并调试运行
实训要求	1. 运用软件 GX Developer 编写物料报警系统程序,并下载到 PLC
	2. 按照绘制好的 I/O 分配表和接线图进行物料报警系统的安装、调试、运行
学习思路	通过对定时器 T 和辅助继电器 M 运用案例的学习,熟悉编程元件 T 和 M 的使用方法,从而能够运用编程元件 T 和 M 进行程序设计,最后完成物料报警系统的安装、调试
建议学时	10 学时

任务引入

在工业生产中,常见的问题有:仓库与生产线物料之间管理脱节,容易造成物料在生产线堆积或供应不及,从而影响生产线的正常运行。通过设计物料报警系统,能够实现仓库对生产线所需物料进行可视化管理及信息化生产,减少搬运浪费,并且可以应用到生产线的维修、指导或授权呼叫等方面,提高生产效率。

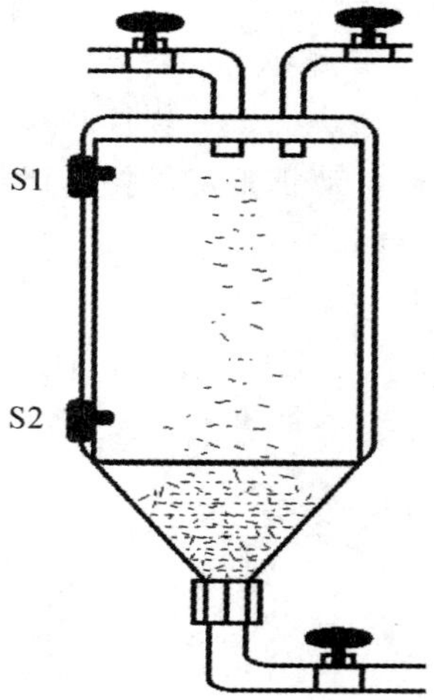

自动上料设备和自动投饵机常利用物料报警系统来实现盛料过多、盛料过少、异常故障等报警功能。本次任务结合自动上料设备和自动投饵机的物料报警系统,运用三菱 FX_{3U}-48MR/ES 型 PLC 硬件系统进行盛料报警控制系统的设计,可实现的功能是:当盛料量达到设定的限位时,报警装置便会被触发,从而发出警报声作为提示,以便及时处理并关闭报警系统。自动投饵机物料报警系统示意图如图 1-2-1 所示。

图 1-2-1　自动投饵机物料报警系统示意图

任务要求：

本次任务要求有如下 4 点：

(1)按下启动按钮，系统开始进料。

(2)当上限位传感器感应到盛料过多时，上限位传感器触点 S1 动作，红色报警灯以每秒 1 次的频率闪烁报警。

(3)当下限位传感器感应到盛料过少时，下限位传感器触点 S2 动作，5s 后黄色报警灯以每秒 2 次的频率闪烁报警。

(4)按下取消报警按钮，报警灯熄灭。

任务分析

本次任务输入装置中有“启动按钮”“停止按钮”及 2 个限位开关，其中“启动按钮”控制系统运行，“停止按钮”取消报警；2 个限位开关分别为上限位开关和下限位开关。由于任务要求中涉及时间继电器，本次任务还要运用新元件——定时器 T 实现报警指示灯闪烁和延时报警等功能，另外，辅助继电器 M 的运用能够让程序设计更合理。定时器 T 和辅助继电器 M 的相关知识请参看本任务“知识链接”。

结合“任务要求”可知，当物料高于上限位时，上限位传感器触点 S1 动作，并驱动红色报警灯以每秒 1 次的频率闪烁，指示物料过多报警。红色报警灯闪烁时序图如图 1－2－2 所示。

当物料低于下限位时，下限位传感器触点 S2 动作，并驱动黄色报警灯以每秒 2 次的频率闪烁，指示物料过少报警。黄色报警灯闪烁时序图如图 1－2－3 所示。

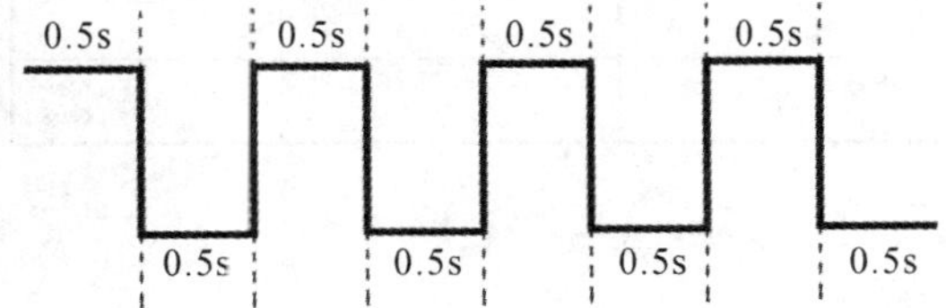

图 1－2－2　红色报警灯闪烁时序图

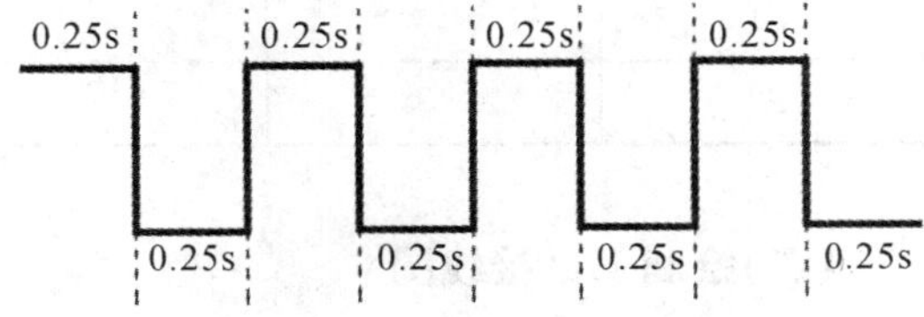

图 1－2－3　黄色报警灯闪烁时序图

物料报警系统工作流程如图 1－2－4 所示。

任务实施

(一)绘制 I/O 分配表

PLC 控制物料报警系统的 I/O 分配表见表 1－2－1。

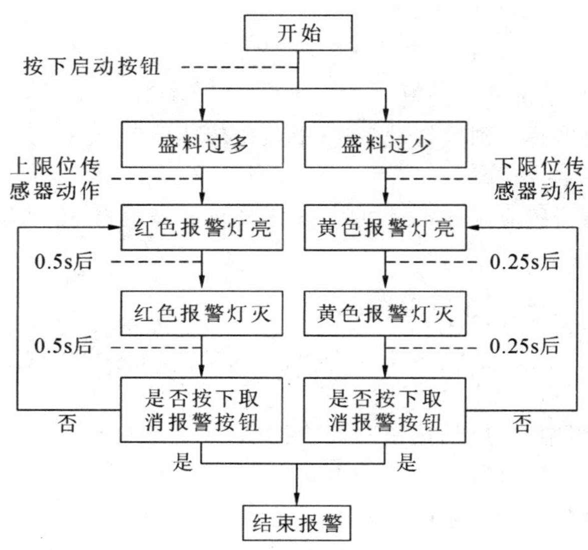

图 1－2－4　物料报警系统工作流程

表 1－2－1　PLC 控制物料报警系统的 I/O 分配表

输入			输出		
元件	作用	PLC 输入点	元件	作用	PLC 输出点
SB1			HL1		
SB2			HL2		
S1					
S2					

(二)绘制 I/O 接线图

请在下面方框内绘制 FX_{3U}－48MR/ES 型 PLC 控制物料报警系统的 I/O 接线图。

(三)系统安装

1. 元件器材

FX_{3U}-48MR/ES 型 PLC 控制物料报警系统所需元件器材参见表 1-2-2。

表 1-2-2　所需元件器材

序号	名称	型号规格	数量	单位	备注
1	计算机	装有 GX Developer 编程软件	1	台	
2	PLC	FX_{3U}-48MR/ES	1	台	
3	安装板	600mm×900mm	1	块	
4	空气断路器	Multi9 C65N D20	1	只	
5	熔断器	RT28-32	4	只	
6	控制变压器	JBK3-100　380/220V	1	只	
7	直流开关电源	DC24V、50W	1	只	
8	指示灯	XB2-BVB3C　24V	1	只	红色
9		XB2-BVB3C　24V	1	只	黄色
10	按钮	LA4-3H	1	只	
11	导轨	C45	0.3	米	
12	端子	D-20	20	只	
13	铜塑线	BV1/1.13mm^2	15	米	
14		BVR7/0.75mm^2	10	米	
15	紧固件		若干	只	

2. 安装接线

根据 FX_{3U}-48MR/ES 型 PLC 控制物料报警系统的完整接线图进行安装接线。要求在下面方框内写出接线要求与步骤。

(四)程序设计

(1)按下启动按钮,该系统开始工作。当盛料传感器____________检测盛料过多时,____________报警灯以亮____________s 灭____________s 的方式闪烁报警。当盛料传感器____________检测盛料过少时,报警灯以亮____________s 灭____________s 的方式闪烁报警。按下取消报警按钮____________,报警灯熄灭。

(2)如图 1-2-5 所示为 PLC 控制物料报警系统的部分梯形图程序,请填写括号中的内容,并将剩下的程序补充完整。

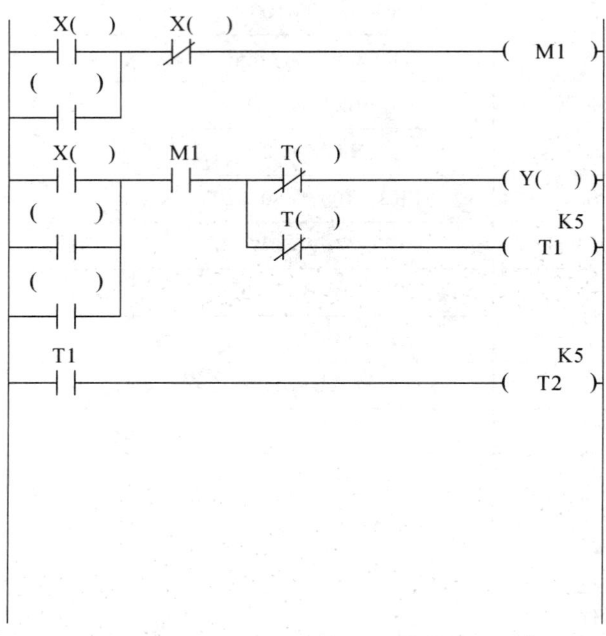

图 1-2-5　PLC 控制物料报警系统的部分梯形图程序

(3)根据如图 1-2-5 所示的梯形图程序,在下面方框内写出对应的指令语句。

(五)系统调试

(1)将程序写入 PLC,并启动程序监控。

(2)打开软元件测试,模拟接通启动按钮,正常启动后,模拟物料报警装置工作,观察程序运行是否符合要求。

(3)结合监控模式观察到的异常现象修改梯形图程序。

现象一:________________

修改方法:________________

现象二:________________

修改方法:________________

现象三:________________

修改方法:________________

(4)梯形图修改完毕,重新将程序写入 PLC,通电测试物料报警电路功能是否实现,根据故障现象检修电路。

故障一:________________

检修方法:________________

故障二:________________

检修方法:________________

故障三:________________

检修方法:________________

(5)故障检修完毕,重新通电测试,直至系统正常工作。

任务思考

1. 实现红色报警灯亮 0.5s 灭 0.5s 的功能有哪些方法?

____

____

2. 通用定时器和积算定时器的功能分别是什么?有什么区别?

____

____

3. 通用辅助继电器有哪些分类?都具有什么作用?

____

____

4. MPS、MRD、MPP 指令分别有什么作用？

____

____

拓展与延伸

请设计如图 1-2-6 所示的水池水位自动运行系统，其控制要求如下：

(1)当水池水位低于低水位界时，液面传感器的开关 S1 接通，指示灯 L1 以 1 次/s 的频率闪烁，电磁阀 Y 打开，水池进水。

(2)当水池水位高于低水位界时，液面传感器的开关 S1 断开，指示灯 L1 停止闪烁。

(3)当水位升高到高于高水位界时，液面传感器的开关 S2 接通，电磁阀 Y 关闭，停止进水。

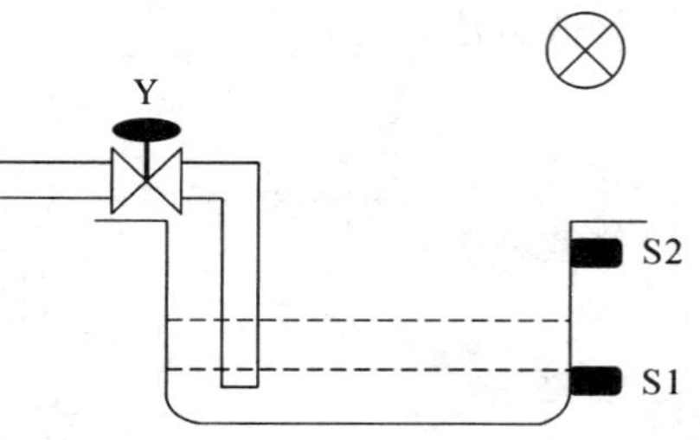

图 1-2-6　水池水位自动运行系统示意图

任务评价

采用小组协作完成的方式，根据任务完成情况填写表 1-2-3，完成考核评价。

表 1-2-3　评分标准

班别：	小组：		姓名：			
考核内容	考核标准	分值	学生自评 30%	学生互评 30%	教师考评 40%	得分
I/O 分配	1. I/O 分配表绘制合理、规范	5				
	2. I/O 接线图绘制规范、正确	5				
程序设计	1. 熟练使用 GX Developer 编程软件	5				
	2. 程序设计规范、正确，能实现系统控制功能	5				
程序输入	1. 指令输入熟练、正确	5				
	2. 程序编辑、传输方法正确	5				
系统安装调试	1. 系统电路接线完整、正确，有必要的保护	8				
	2. 安装接线遵循安装原则，符合工艺要求	8				
	3. 调试方法合理、正确	6				
	4. 能正常启动物料报警系统	5				
	5. 盛料过多时，红色报警灯闪烁频率为 1 次/s	8				
	6. 盛料过少时，黄色报警灯闪烁频率为 2 次/s	8				
	7. 按下解除报警按钮，报警灯立刻熄灭	5				
	8. 能正确分析常见故障和使用工具排除故障	5				

续表 1-2-3

班别：		小组：	姓名：			
考核内容	考核标准	分值	学生自评 30%	学生互评 30%	教师考评 40%	得分
学习能力	1. 解答问题正确，思路清晰	5				
	2. 在规定时间内完成任务	2				
	3. 团结协作，学习积极主动	5				
职业素养	任务完成后，将实训导线及其他实训物品整理好，放回指定位置	5				
总分		100				

知识链接

一、定时器 T 的类型及应用

定时器作为时间元件主要用于定时控制，每个定时器都有线圈和无数个触点可供用户编程使用。三菱 FX_{3U}系列 PLC 的定时器为增定时器，是根据时钟脉冲的累积计时的，当其线圈接通时，定时器的当前值从 0 开始递增，直到当前值达到设定值时，定时器触点动作，时钟脉冲有 100ms、10ms、1ms 3 种。与继电器电路不同的是，三菱 FX_{3U}系列 PLC 所提供的定时器，相当于一个通电延时时间继电器，若要实现断电延时功能，必须依靠编程实现。定时器以十进制编号，可分为通用定时器和积算定时器两类。

(一)通用定时器

1. 分类

通用定时器的编号为 T0～T245、T256～T511，共 502 点。根据定时单位的不同，可分为 100ms 通用定时器、10ms 通用定时器和 1ms 通用定时器，通用定时器分类表见表 1-2-4。

表 1-2-4　通用定时器分类表

名称	定时单位	编号	点数	定时范围
通用定时器	100ms(0.1s)	T0～T191(用于主程序)	192 点	0.1～3276.7s
		T192～T199(子程序专用)	8 点	
	10ms(0.01s)	T200～T245	46 点	0.01～327.67s
	1ms(0.001s)	T256～T511	256 点	0.001～32.767s

2. 应用举例

通用定时器的特点是：当驱动定时器的条件满足时，定时器开始定时，时间到达设定值后，定时器动作；当驱动定时器的条件不满足时，定时器复位。若所定的定时器当前值未到达设定值，驱动定时器的条件由满足变为不满足时，定时器也复位，且当条件再次满足后定时器再次从0开始定时。通用定时器的应用举例如图1-2-7所示。

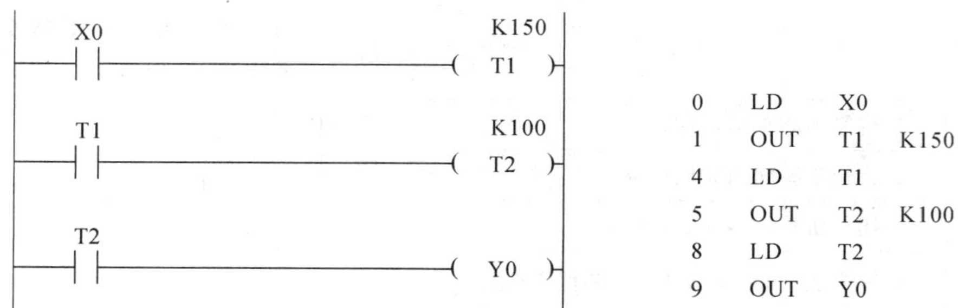

图1-2-7 通用定时器的应用

由图1-2-7可知，当常开触点X0闭合时，定时器T1线圈得电开始计时，15s后定时器T1常开触点闭合，此时定时器T2开始计时，10s后Y0线圈得电。在此过程中，从常开触点X0闭合到Y0线圈得电，共经历了25s的时间，这是长时间计时的设计方法之一。一个定时器定时的最长时间为3276.7s，因此，当定时时间超过3276.7s时，可以用几个定时器时间叠加的方法来实现长时间定时。此外，若T1和T2的常开触点闭合后，常开触点X0仍处于闭合状态，则T1和T2的常开触点保持闭合；若常开触点X0断开，则定时器T1和T2的线圈失电，其常开触点复位断开，定时器的当前值恢复为0。

（二）积算定时器

积算定时器所计时间为其线圈接通的累计时间，若在计时期间线圈断开或PLC断电，定时器并不复位，而是保持当前值不变。当线圈再次接通或PLC上电后，定时器继续计时，直到累计时间达到设定值，定时器产生动作。积算定时器的编号为T246～T249、T250～T255，共10点。根据定时单位的不同，可分为100ms积算定时器和1ms积算定时器。

1. 分类（表1-2-5）

表1-2-5 积算定时器分类表

名称	定时单位	编号	点数	定时范围
积算定时器	1ms(0.001s)	T246～T249	4点	0.001～32.767s
	100ms(0.1s)	T250～T255	6点	0.1～3276.7s

2. 应用举例

积算定时器的特点是：当满足定时器的驱动条件时，定时器线圈得电开始定时，达到设定值后，定时器触点动作；当不满足定时器的驱动条件时，定时器不会恢复为0，只有采用复位指令对定时器进行复位，定时器才会恢复为0。若定时器计时未达到设定值，驱动条件由满足变为不满足时，定时器保持当前值，而当驱动条件再次满足后，定时器从之前保持的当前值继续开始计时。积算定时器的应用举例如图1-2-8所示。

```
  X1                          K2000
──┤├──────────────────────(  T246  )─
  T246                        K150
──┤├──────────────────────(  T251  )─
  T251
──┤├──────────────────────(  Y0    )─
  X2
──┤├──┬───────────────[  RST  T246  ]─
      │
      └───────────────[  RST  T251  ]─
```

```
0    LD     X1
1    OUT    T246   K2000
4    LD     T246
5    OUT    T251   K150
8    LD     T251
9    OUT    Y0
10   LD     X2
11   RST    T246
13   RST    T251
```

图 1-2-8　积算定时器的应用

结合图 1-2-8 积算定时器的应用举例分析可知，常开触点 X1 闭合时，定时器 T246 线圈得电开始计时，若计时到 1000 时，常开触点 X1 断开，那么定时器 T246 将保持当前的数值 1000，当常开触点 X1 再次闭合时，定时器 T246 将从当前值 1000 开始计时。另外，当闭合常开触点 X2 时，可以接通复位指令 RST 将定时器 T246 的当前值复位为 0。因此，积算定时器是不能自动复位的，需要用复位指令进行复位。

二、辅助继电器 M 的类型及应用

辅助继电器 M 相当于继电器控制系统中的中间继电器，PLC 中有很多辅助继电器，经常用于状态暂存、移位运算等，它没有向外的任何联系，只供内部编程使用，我们可以看到任何类型的 PLC 只有输入（X 端）继电器和输出（Y 端）继电器。辅助继电器的线圈和输出继电器一样，由 PLC 内各软元件的触点驱动，常开与常闭触点在 PLC 内部编程时可无限次使用，但是这些触点不能接收外部的输入信号，也不能直接驱动外部负载，外部负载必须通过输出继电器（线圈）来驱动。

按照功能不同，三菱 FX_{3U} 系列 PLC 的辅助继电器可分为通用辅助继电器、停电保持辅助继电器和特殊辅助继电器 3 种，其编号以十进制数表示。以下仅介绍通用辅助继电器和停电保持辅助继电器。

（一）通用辅助继电器

FX_{3U} 系列 PLC 的通用辅助继电器元件编号为 M0～M499，共 500 点。每个通用辅助继电器的线圈由 OUT 指令驱动，常开触点和常闭触点的状态取决于线圈的得电和失电。当 PLC 正常运行时，如果状态由运行变为停止运行或电源断开，通用辅助继电器的线圈将自动复位为失电状态。通用辅助继电器常用于逻辑运算中作辅助运算、状态暂存、移位等。

通用辅助继电器的应用举例如图 1-2-9 所示。

在图 1-2-9 所示电路中，当常开触点 X1 闭合时，M1 线圈得电自锁，M1 常开触点闭合，Y1 和 Y2 线圈得电；当常开触点 X2 闭合时，M2 线圈得电，M2 常闭触点断开，M1 线圈失电，M1 常开触点断开，Y1 和 Y2 线圈失电。M1 和 M2 所起作用与继电器电路中的中间

继电器作用相似。

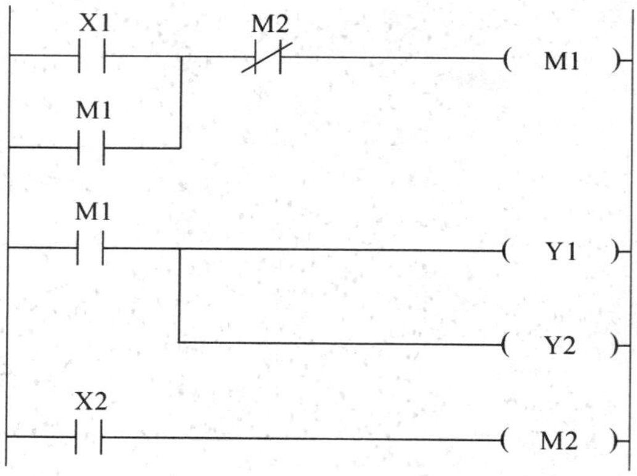

0	LD	X1
1	OR	M1
2	ANI	M2
3	OUT	M1
4	LD	M1
5	OUT	Y1
6	OUT	Y2
7	LD	X2
8	OUT	M2

图 1-2-9　通用辅助继电器的应用

(二)停电保持辅助继电器

FX_{3U}系列 PLC 的停电保持辅助继电器元件编号为 M500～M7679,共 7180 点,用于保存停电瞬间的状态。若 PLC 在运行中突然断电,停电保持辅助继电器依靠后备锂电池供电,保持停电前的状态,当 PLC 重新上电后,停电保持辅助继电器从保持的状态开始继续运行。

停电保持辅助继电器的应用举例如图 1-2-10 所示。

1	LD	X1
2	OR	M500
3	ANI	X0
4	OUT	M500
5	LD	X1
6	OR	M1
7	ANI	X0
8	OUT	M1
9	LD	X1
10	OR	Y1
11	ANI	X0
12	OUT	Y1

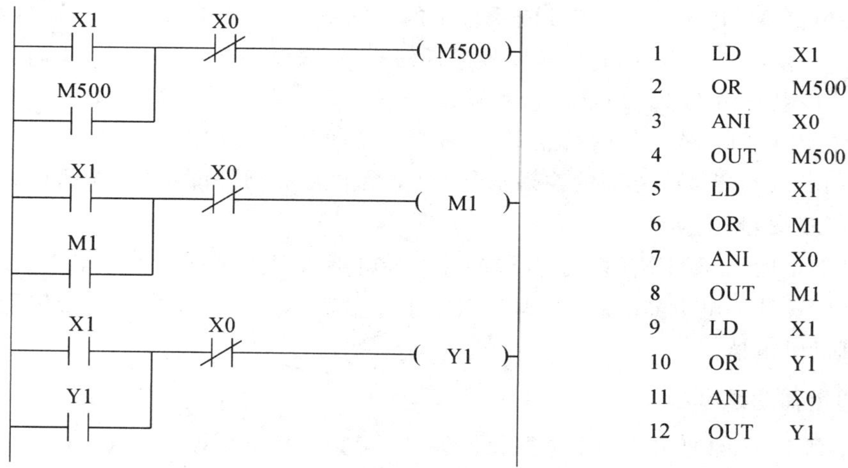

图 1-2-10　停电保持辅助继电器的应用

在图 1-2-10 所示电路中,当常开触点 X1 闭合时,M500、M1、Y1 的线圈均得电并自锁,如果突然断电,那么 M500、M1、Y1 的线圈均失电。PLC 重新上电运行时,M1、Y1 的线圈仍处于失电状态,而 M500 的线圈则恢复断电前的得电状态;如果断电前已断开常闭触点 X0,M500 的线圈处于失电状态,PLC 重新上电运行时,M500 的线圈不得电,保持断电前的失电状态。

三、多重输出指令

FX_{3U}系列 PLC 为用户提供了 11 个存储器，用来存储中间运算结果，这些存储器被称为堆栈存储器。多重输出指令 MPS、MRD、MPP 是对堆栈存储器进行操作的指令，多重输出指令主要功能是将运算结果进行保存，而当需要该运算结果时，再进行读取，进而保证多重输出电路的正确连接。

(一)进栈指令 MPS

进栈指令 MPS 的功能是：将当前时刻的运算结果存入堆栈存储器的最上层，原来存储的数据依次向下移一层，保证送入堆栈存储器的运算结果始终在最上层。执行 MPS 指令后数据变化情况如图 1-2-11 所示。

(二)读栈指令 MRD

读栈指令 MRD 的功能是：将堆栈存储器中最上层的数据读出。执行 MRD 指令后，堆栈存储器中的数据不发生改变，数据变化情况如图 1-2-12 所示。

(三)出栈指令 MPP

出栈指令 MPP 的功能是：将堆栈存储器中最上层的数据取出。原来存储的数据依次向上移一层。执行 MPP 指令后，数据变化情况如图 1-2-13 所示。

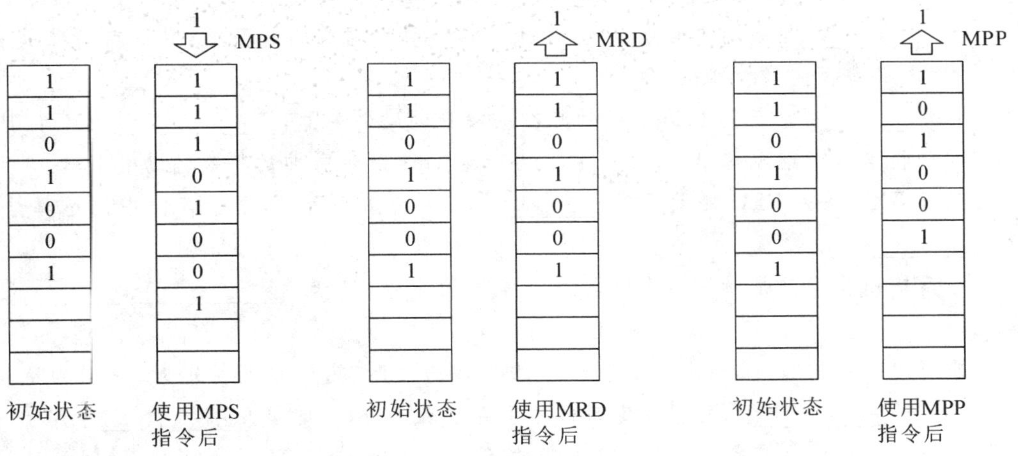

图 1-2-11　执行 MPS 指令后　　图 1-2-12　执行 MRD 指令后　　图 1-2-13　执行 MPP 指令后

多重输出指令 MPS、MRD、MPP 为组合指令，MPS、MPP 指令是成对使用的，MRD 指令则根据实际情况使用。MPS、MRD、MPP 指令不需要指定操作元件，其操作元件默认是堆栈存储器，只对堆栈存储器的数据进行操作。

当使用 MPS 指令进栈保存运算结果后，在还未使用 MPP 指令读取数据之前，可以再次使用 MPS 指令，该形式称为“嵌套”。由于 FX_{3U}系列 PLC 为用户提供了 11 个存储器，因此，可以使用 MPS 指令连续存储 11 个运算结果，但不得超过 11 次。

MPS、MRD 和 MPP 指令的应用举例如图 1-2-14 所示。

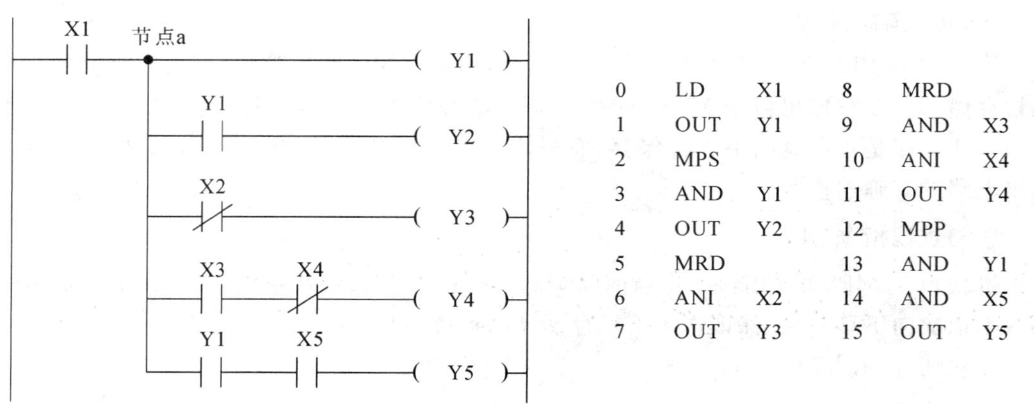

0	LD	X1	8	MRD	
1	OUT	Y1	9	AND	X3
2	MPS		10	ANI	X4
3	AND	Y1	11	OUT	Y4
4	OUT	Y2	12	MPP	
5	MRD		13	AND	Y1
6	ANI	X2	14	AND	X5
7	OUT	Y3	15	OUT	Y5

图 1-2-14 MPS、MRD 和 MPP 指令的应用

习 题

一、填空题

1. 三菱 FX_{3U} 系列 PLC 所提供的定时器相当于一个__________继电器。定时器通常分为两类：__________定时器和__________定时器。

2. __________相当于中间继电器，用于存储运算中间的临时数据，它没有向外的任何联系，只供内部编程使用。

3. __________为产生 100ms 时钟脉冲的特殊辅助继电器，__________为产生 10ms 时钟脉冲的特殊辅助继电器，__________为产生 1ms 时钟脉冲的特殊辅助继电器。

4. 三菱 FX_{3U} 系列 PLC 提供了__________个存储器给用户，用于存储中间运算结果，称为__________。

5. 多重输出指令就是对堆栈存储器进行操作的指令，包括__________、__________和__________。

6. 通用定时器的特点是：当驱动定时器的条件满足时，定时器开始定时，时间到达设定值后，定时器__________；当驱动定时器的条件不满足时，定时器__________。

7. 积算定时器的特点是：当驱动定时器的条件满足时，定时器开始定时，时间到达设定值后，定时器__________；当驱动定时器的条件不满足时，定时器__________，若要定时器复位，必须采用__________。

8. 通用定时器的编号为__________、__________，共 502 点。

9. 积算定时器的编号为__________、__________，共 10 点。

10. 三菱 FX_{3U} 系列 PLC 的辅助继电器可分为__________辅助继电器、__________辅助继电器和__________辅助继电器 3 种，其编号以十进制数表示。

二、选择题

1. FX_{3U} 系列 PLC 中最常用的两种常数是 K 和 H，其中 K 表示的是(　　)进制数。

A. 二　　B. 八　　C. 十　　D. 十六

2. FX_{3U}系列 PLC 中通用定时器的编号是(　　)。

A. T0～Y511　　B. T0～T245、T256～T511

C. T1～T256　　D. T1～T245、T256～T512

3. FX_{3U}系列 PLC 通用定时器分为 100ms、10ms 和(　　)。

A. 1000ms　　B. 1ms　　C. 1s　　D. 1min

4. FX_{3U}系列 PLC 积算定时器分为(　　)和 1ms。

A. 1000ms　　B. 100ms　　C. 10ms　　D. 1s

5. 下列选项不属于多重输出指令的是(　　)。

A. MPP　　B. MPS　　C. MCR　　D. MRD

三、判断题

1. FX_{3U}系列 PLC 所提供的定时器，相当于一个通电延时时间继电器，若要实现断电延时功能，必须依靠编程来实现。(　　)

2. 当使用 MPS 指令进栈后，未使用 MPP 指令出栈，而再次使用 MPS 指令进栈的形式称为“嵌套”，MPS 指令的连续使用不得超过 20 次。(　　)

3. 定时器作为时间元件主要用于定时控制，每个定时器都有线圈和无数个触点可供用户编程使用。(　　)

4. 三菱 FX_{3U}系列 PLC 的定时器为增定时器，是根据时钟脉冲的累积计时的。(　　)

5. PLC 中有很多辅助继电器，经常用于逻辑运算。(　　)

6. 辅助继电器 M 没有向外的任何联系，只供内部编程使用。(　　)

7. FX_{3U}系列 PLC 提供了 11 个存储器给用户，用于存储中间运算结果，称为“堆栈存储器”。(　　)

四、简答题

1. FX_{3U}系列 PLC 提供的定时器有哪些？分别有什么特点？

2. FX_{3U}系列 PLC 提供的辅助继电器有哪些？分别有什么特点？

3. FX_{3U}系列 PLC 提供的多重输出指令有哪些？分别有什么特点？

五、设计题

1. 某车间有 4 台通风机，设计 1 个监视系统，监视通风机的运转情况。要求如下：4 台通风机中有 2 台及以上开机时，绿灯长亮；只有 1 台开机时，绿灯以 1Hz 的频率闪烁；4 台全部停机时，红灯长亮。设计 PLC 控制线路并编写程序。

2. 有一台润滑装置，在间歇状态下，指示灯 HL1 长亮，等待润滑；等待时间超过 5s 时，HL1 由长亮变为每秒闪烁亮 2 次；当开始润滑时，HL1 熄灭，HL2 长亮。设计 PLC 控制线路并编写程序。

任务三　密码锁设计

任务导读

知识点	1. 了解计数器 C 的类型和应用
	2. 熟悉计数器 C 置位/复位指令(SET/RST)和区间复位指令(ZRST)的使用方法
技能点	1. 掌握计数器 C、置位/复位指令(SET/RST)和区间复位指令(ZRST)的编程技巧
	2. 能够绘制 I/O 接线图,并能正确安装密码锁电路
	3. 能编辑密码锁系统程序,并调试运行
实训要求	1. 运用软件 GX Developer 编写密码锁系统程序,并下载到 PLC
	2. 按照绘制好的 I/O 分配表和接线图进行密码锁系统的安装、调试、运行
学习思路	通过对计数器 C、置位/复位指令(SET/RST)和区间复位指令(ZRST)运用案例的学习,熟悉计数器 C、置位/复位指令(SET/RST)和区间复位指令(ZRST)的使用方法,从而掌握编程技巧,最后完成密码锁系统的安装调试
建议学时	14 学时

任务引入

随着社会生活水平的提高,人们的安全防范意识也不断提高,对家庭防盗问题也日益重视起来,因此电子密码锁得到了广泛应用。电子密码锁的种类很多,一般通过密码输入来控制电路或芯片工作,通常以芯片为核心,通过程序算法下达各种指令,由其他部分配合完成密码的设置、存储、识别和显示,驱动电磁执行器并检测其驱动电流值、接收传感器送来的报警信号、发送数据等工作。电子密码锁具有保密性好、使用灵活、安全系数高、性价比高等特点,受到广大消费者的欢迎。

本任务将运用三菱 FX_{3U}-48MR/ES 型 PLC 设计防盗门密码锁控制系统,实现密码开锁功能。防盗门密码锁控制系统示意图如图 1-3-1 所示。

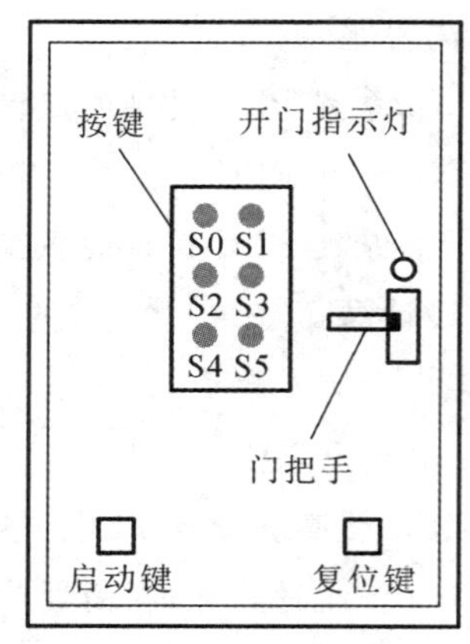

图 1-3-1　防盗门密码锁控制系统示意图

任务要求：

本次任务要求有如下5点：

(1)按下启动键后，才能通过密码键进行有效开锁。

(2)采用4个按键作为密码键，开锁密码设置为：3145，用计数器实现。

(3)按照正确的顺序、正确的次数按下密码键后，开门指示灯亮。

(4)开门指示灯亮起3s后，密码锁自动打开。

(5)密码锁打开10s后或者按下复位键，密码锁复位关闭。

任务分析

结合"任务要求"可知，本次任务设计的防盗门密码锁控制系统要有1个启动键、1个复位键、4个密码键和1个开门指示灯。当按下启动键后，启动开锁系统，按下密码键可以进行有效开锁，若未按下启动键，则即使按对密码也不能成功开锁；按动密码键时，必须按照密码键一按3次⟶密码键二按1次⟶密码键三按4次⟶密码键四按5次的顺序和次数进行操作，否则不能成功开锁；当密码键输入正确后，开门指示灯点亮，且3s后密码锁打开；密码锁控制系统复位关闭有两种方式，即密码锁成功打开10s后，或者按下复位键之后。

防盗门密码锁控制系统工作流程如图1-3-2所示。

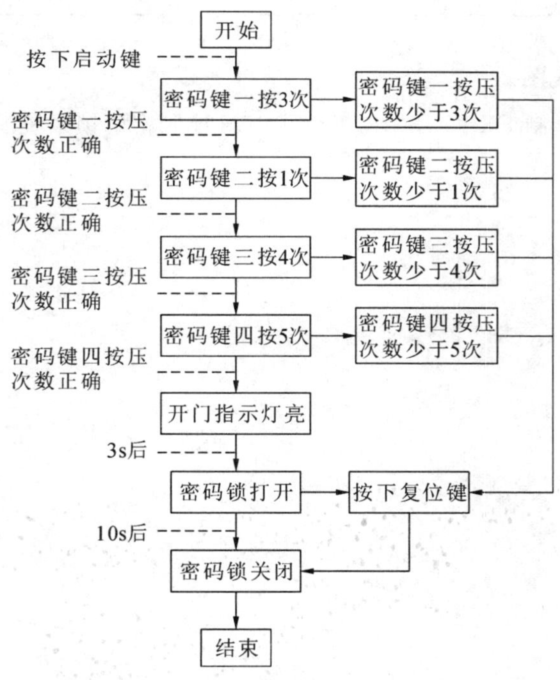

图1-3-2 密码锁控制系统工作流程

任务实施

(一)绘制 I/O 分配表

PLC 控制密码锁系统的 I/O 分配表参见表 1-3-1。

表 1-3-1 PLC 控制密码锁系统的 I/O 分配表

输入			输出		
元件	作用	PLC 输入点	元件	作用	PLC 输出点
S0			密码锁		
S1			指示灯		
S2					
S3					
S4					
S5					
X0					
X1					

(二)绘制 I/O 接线图

请在下面方框中绘制 FX_{3U}-48MR/ES 型 PLC 控制密码锁系统的 I/O 接线图。

(三)系统安装

1. 元件器材

FX_{3U}-48MR/ES 型 PLC 控制密码锁系统所需元件器材参见表 1-3-2。

表 1－3－2　所需元件器材

序号	名称	型号规格	数量	单位	备注
1	计算机	装有 GX Developer 编程软件	1	台	
2	PLC	FX_{3U}－48MR/ES	1	台	
3	安装板	600mm×900mm	1	块	
4	空气断路器	Multi9 C65N D20	1	只	
5	熔断器	RT28－32	4	只	
6	控制变压器	JBK3－100　380/220V	1	只	
7	密码锁		1	只	
8	按钮	XB2－BA31C	6	只	
9	导轨	C45	0.3	米	
10	端子	D－20	20	只	
11	铜塑线	BV1/1.13mm^2	15	米	
12		BVR7/0.75mm^2	10	米	
13	紧固件		若干	只	

2. 安装接线

按 FX_{3U}－48MR/ES 型 PLC 控制密码锁系统的完整接线图进行安装接线。要求在下面方框内写出接线要求与步骤。

(四)程序设计

(1)将按键__________设置为启动按键,启动环节可借助辅助继电器 M 实现自锁,启动按键接通后密码锁系统开始运行;用__________设定按压次数,将密码按键__________、__________、__________和__________分别设置为 3 次、1 次、4 次、5 次,可利用__________功能完成按压顺序的设计;当密码按压正确时,所用计数器常开触点均__________,开门指示灯亮,用设定时间,经过 3s 后开锁,开锁 10s 后密码锁自动__________。如果按错密码,密码锁将__________成功开锁,此时可以按下复位键__________进行复位操作,并重新启动系统进行开锁。密码锁关闭时,所有计数器应全部复位,因此需要用到成批复位指令__________。

(2)如图 1-3-3 所示为 PLC 控制密码锁系统的部分梯形图程序,请填写括号中的内容,并将剩下的程序补充完整。

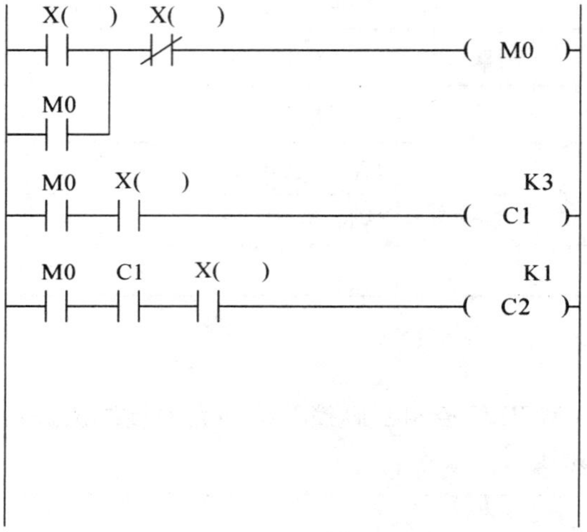

```
X(  )   X(  )
─┤ ├──┬──┤/├──────────────( M0 )─
 M0   │
─┤ ├──┘
 M0     X(  )                  K3
─┤ ├────┤ ├───────────────( C1 )─
 M0     C1     X(  )           K1
─┤ ├────┤ ├────┤ ├────────( C2 )─
```

图 1-3-3 PLC 控制密码锁系统的部分梯形图程序

(3)根据图 1-3-3 所示梯形图程序在下面方框内写出对应的指令语句。

(五)系统调试

(1)将程序写入 PLC,并启动程序监控。

(2)打开软元件测试,模拟接通启动按钮,正常启动后,模拟密码锁开锁过程,观察程序运行是否符合要求。

(3)结合监控模式观察到的异常现象修改梯形图程序。

现象一:______________________________

修改方法:______________________________

现象二:______________________________

修改方法:______________________________

现象三:______________________________

修改方法:______________________________

(4)梯形图修改完毕,重新将程序写入 PLC,通电测试密码锁电路功能是否实现,根据故障现象检修电路。

故障一:______________________________

检修方法:______________________________

故障二:______________________________

检修方法:______________________________

故障三:______________________________

检修方法:______________________________

(5)故障检修完毕,重新通电测试,直至系统正常工作。

任务思考

1. 如何实现按下启动按钮时计数器就复位的功能?

____

____

2. 计数器有哪些分类?各有什么功能?

____

____

3. 密码输入顺序不正确为什么不可以开锁?

____

____

4. 如何设计密码输入超时报警？

____

____

拓展与延伸

(1)按下启动按钮，灯 L1 以 2s/次的方式进行闪烁，闪烁 5 次后，灯 L1 熄灭，灯 L2 亮；6s 后，灯 L1 亮；5s 后，灯 L1 和灯 L2 一起熄灭。请设计 PLC 控制线路并编写程序。

(2)如图 1-3-4 所示的传送带输送工件，工件数量为 20 个，光电传感器对工件进行计数。当计件数量小于 15 时，指示灯常亮；当计件数量等于或大于 15 时，指示灯闪烁；当计件数量为 20 时，10s 后传送带停机，同时指示灯熄灭。请设计 PLC 控制线路并编写程序。

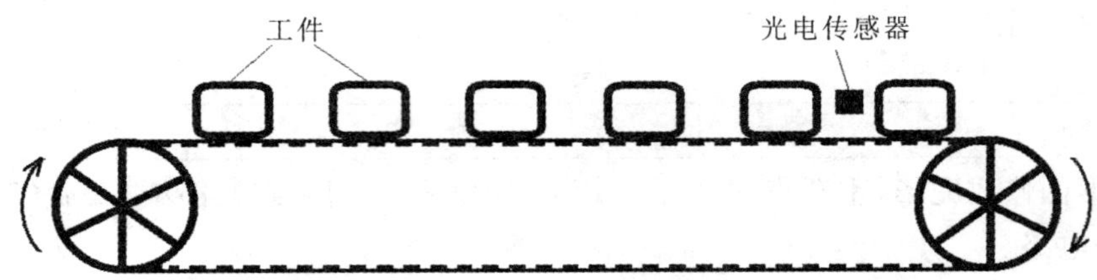

图 1-3-4　传送带输送工件示意图

任务评价

采用小组协作完成的方式，根据任务完成情况填写表 1-3-3，完成考核评价。

表 1-3-3　评分标准

班别：		小组：	姓名：			
考核内容	考核标准	分值	学生自评 30%	学生互评 30%	教师考评 40%	得分
I/O 分配	1. I/O 分配表绘制合理、规范	3				
	2. I/O 接线图绘制规范、正确	5				
程序设计	1. 熟练使用 GX Developer 编程软件	3				
	2. 程序设计规范、正确，能实现系统控制功能	3				
程序输入	1. 指令输入熟练、正确	3				
	2. 程序编辑、传输方法正确	3				

续表 1-3-3

班别：		小组：	姓名：			
考核内容	考核标准	分值	学生自评 30%	学生互评 30%	教师考评 40%	得分
系统安装调试	1. 系统电路接线完整、正确，有必要的保护	5				
	2. 安装接线遵循安装原则，符合工艺要求	5				
	3. 调试方法合理、正确	5				
	4. 密码锁系统启动之前按压密码无效	5				
	5. 能正常启动密码锁系统	4				
	6. 密码键按压次数或者按压顺序不正确，不能开启门锁	10				
	7. 正确输入密码 5s 后开锁	8				
	8. 开锁 10s 后系统自动复位	8				
	9. 按下复位按钮后系统复位	8				
	10. 能正确分析常见故障和使用工具排除故障	5				
学习能力	1. 解答问题正确，思路清晰	5				
	2. 在规定时间内完成任务	2				
	3. 团结协作，学习积极主动	5				
职业素养	任务完成后，将实训导线及其他实训物品整理好，放回指定位置	5				
总分		100				

知识链接

一、计数器 C 的类型及应用

计数器 C 按十进制编号，可用常数 K 作为设定值，也可以用数据寄存器 D 的内容作为设定值。程序执行时，计数器对输入端脉冲信号的上升沿进行计数，当计数值达到其设定值时，计数器常开触点闭合及常闭触点断开。

三菱 FX_{3U} 系列 PLC 中的计数器可分为内部信号计数器和外部信号计数器两类。内部信号计数器是低速计数器，也称“普通计数器”，其输入信号的频率低于 PLC 的扫描频率，主要有 16 位增计数器和 32 位增/减计数器（也称“双向计数器”）两类。外部信号计数器用于对频率高于 PLC 扫描频率的外部信号进行计数，其计数频率较高，故又称为“高速计数器”，

本任务仅讲述内部信号计数器。

(一)16 位增计数器

16 位增计数器是 16 位二进制加法计数器，其设定值范围为 K1～K32767。16 位增计数器可分为通用型 16 位增计数器和断电保持型 16 位增计数器两类，编号为 C0～C199，共 200 点。

1. 分类

(1)通用型 16 位增计数器。通用型 16 位增计数器的编号为 C0～C99，共 100 点，设定值范围为 K1～K32767。当其开始工作时，其值从 0 开始增加，当计数值增加到设定值时，计数器触点动作；当 PLC 断电或从运行状态变为停止状态时，其值复位为 0。

(2)断电保持型 16 位增计数器。断电保持型 16 位增计数器的编号为 C100～C199，共 100 点，设定值范围为 K1～K32767，与通用型计数器的工作方式相似，但当 PLC 断电或从运行状态变为停止状态时，其当前值与输出触点的动作状态或复位状态保持不变，只有采用 RST 指令才能将其复位。

2. 应用举例

如图 1-3-5 所示电路中，计数器的初始值为 0，当计数脉冲输入端 X2 的上升沿到来时，计数器 C1 的当前值加 1。当计数器的值增加到设定值 3 时，计数器常开触点闭合，Y0 线圈得电。计数器的值增加到设定值之后，即使 X2 的上升沿再次到来，计数器 C1 的当前值保持不变，Y0 保持得电状态，直到 X1 的上升沿到来，计数器 C1 当前值才复位为 0。

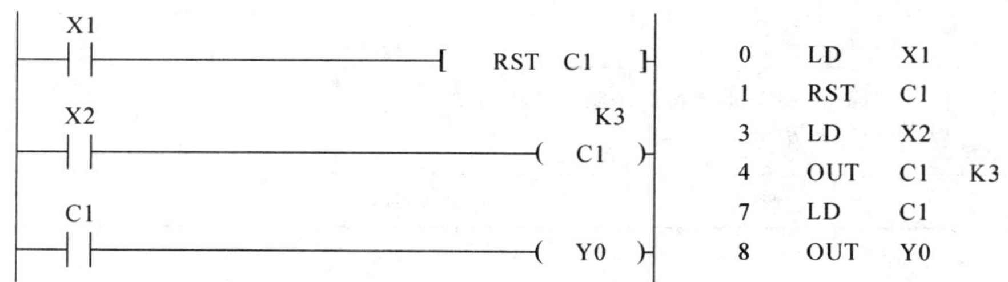

图 1-3-5　通用型 16 位增计数器的应用

(二)32 位双向计数器

32 位双向计数器的编号为 C200～C234，共 35 点，是可设定计数为增/减的计数器。其中 C200～C219 为通用型 32 位计数器，C220～C234 为断电保持型 32 位计数器，设定值范围均为－214783648～214783647(32 位)。

1. 分类

(1)通用型 32 位双向计数器。通用型 32 位双向计数器的编号为 C200～C219，共 20 点。其工作过程与通用型 16 位增计数器相同，但通用型 32 位双向计数器可以进行减计数，设定值可以为负数，计数方向由特殊辅助继电器 M8200～M8219 设定。当对应的特殊辅助

继电器置 1 时，为减计数器；置 0 时，为增计数器。

(2)断电保持型 32 位双向计数器。断电保持型 32 位双向计数器的编号为 C220～C234，共 15 点。其具有断电保持功能，计数方向由特殊辅助继电器 M8200～M8234 设定。当对应的特殊辅助继电器置 1 时，为减计数器；置 0 时，为增计数器。

2. 应用举例

在如图 1－3－6 所示电路中，用常开触点 X1 来选择计数方向，当 X1 闭合时，M8200 得电置 1，计数器 C200 为减计数器，当常开触点 X2 的上升沿脉冲到来时，C200 的当前值减 1，减少至设定值后继续往下减 1，当前值从－3 减少为－4 时，C200 的常开触点断开，Y0 线圈失电；当常开触点 X1 断开时，M8200 置 0，计数器 C200 为增计数器，当常开触点 X2 的上升沿脉冲到来时，C200 的当前值加 1，增加至设定值时，当前值从－4 增加为－3 时，计数器 C200 线圈有输出，Y0 线圈得电；若计数器仍有信号输入，则计数器的值继续增加，触点保持闭合状态。

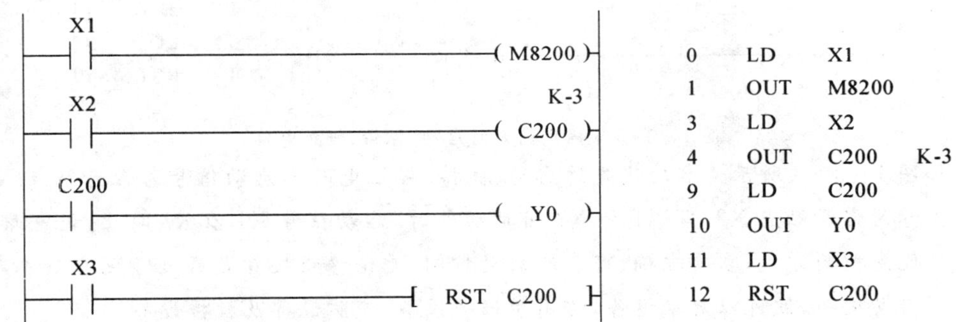

图 1－3－6 32 位双向计数器的应用

二、置位/复位指令、成批复位指令

(一)置位指令 SET

SET 为置位指令，操作元件为输出继电器 Y、辅助继电器 M、状态继电器 S、寄存器的某一位 D□. b 等软元件。其功能是使操作元件的线圈接通并保持打开状态，目标元件置为 1，即使是使线圈置位的触点断开，该线圈也将一直得电。

(二)复位指令 RST

RST 为复位指令，操作元件为输出继电器 Y、辅助继电器 M、状态继电器 S、累积定时器 T、计数器 C、数据寄存器 D 和变址寄存器 V、Z。其功能是在触发信号接通时，使目标元件线圈复位清零，能用于多个控制场合。

(三)置位/复位指令使用说明

(1)对于同一操作元件，SET/RST 指令可以多次使用，顺序随意，使用次数不限，但操作元件的状态取决于地址最大处的置位/复位指令。

(2)为保证程序可靠运行,SET/RST 指令的驱动通常采用短脉冲信号。

(3)SET 指令对软元件进行置位后,需要用 RST 指令复位,否则将保持置 1 的状态。

应用实例

电动机的启动、保持、停止电路

启动、保持、停止电路常用于对内部辅助继电器和输出继电器进行控制,有停止优先和启动优先两种不同的控制方式。

如图 1-3-7 所示为停止优先的启动、保持、停止电路。启动信号为常开触点 X1,停止信号为常开触点 X2,当 X1 和 X2 同时动作时,停止信号 X2 有效,因此,该电路称为停止优先控制方式,常用于需要紧急停车的场合。

0	LD	X1
1	SET	Y1
3	LD	X2
4	RST	Y1

图 1-3-7 停止优先的启动、保持、停止电路

如图 1-3-8 所示为启动优先的启动、保持、停止电路。启动信号为常开触点 X1,停止信号为常开触点 X2,当 X1 和 X2 同时动作时,启动信号 X1 有效,因此,该电路称为启动优先控制方式,需要准确、可靠的启动控制,无论停止按钮是否处于闭合状态,只要按下启动按钮,便可以启动设备,常用于报警设备、安防设备及救援设备。

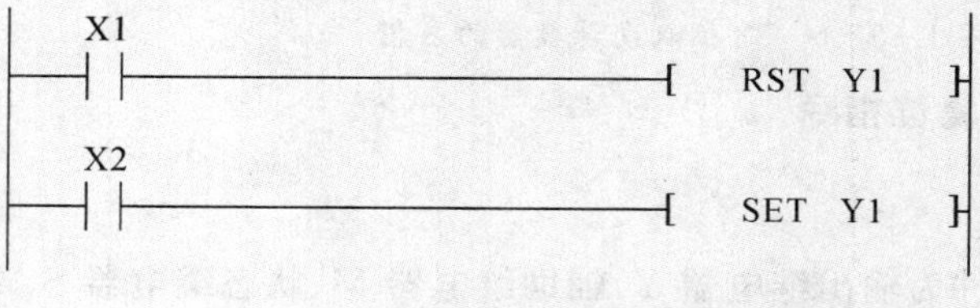

0	LD	X1
1	RST	Y1
3	LD	X2
4	SET	Y1

图 1-3-8 启动优先的启动、保持、停止电路

(四)成批复位指令 ZRST

ZRST 是成批复位指令,指令代码是 FNC40,操作元件为输出继电器 Y、辅助继电器 M、状态继电器 S、定时器 T、计数器 C 和数据寄存器 D。其与 RST 指令都是复位用,区别就是 RST 复位一个地址,而 ZRST 复位一个连续的地址。ZRST 的功能是将指定的元件号范围内的同类元件成批复位,元件号范围应从小到大,若元件号范围从大到小,则只有元件号最小的元件被复位。例如,ZRST C1 C5 就是把包括 C1、C2、C3、C4、C5 的 5 个地址栏状态全部复位。如果是 ZRST C5 C1,则只有 C1 被复位。

三、PLC 基本逻辑指令的应用

(一)微分脉冲指令 PLS、PLF

1. 脉冲上升沿微分输出指令 PLS

PLS 的功能是在触发信号的上升沿到来时,使对应的操作元件产生一个扫描周期的脉冲输出。PLS 指令的操作元件为输出继电器 Y、辅助继电器 M(不能是特殊辅助继电器)。

2. 脉冲下降沿微分输出指令 PLF

PLF 的功能是在触发信号的下降沿到来时,使对应的操作元件产生一个扫描周期的脉冲输出。PLF 指令的操作元件为输出继电器 Y、辅助继电器 M(不能是特殊辅助继电器)。

微分脉冲指令可以将脉宽较宽的触发信号变成脉宽等于 PLC 一个扫描周期的触发脉冲信号。微分脉冲指令的应用举例如图 1-3-9 所示。

在图 1-3-9 中,当常开触点 X2 闭合时,Y0 线圈得电,Y0 常开触点闭合实现自锁;当断开常闭触点 X3 时,Y0 线圈失电,Y0 常开触点断开;当闭合常开触点 X1 时,在 X1 的上升沿 M1 接通一个扫描周期,M1 常开触点闭合,Y0 得电;在 X1 的下降沿 M2 接通一个扫描周期,M2 常开触点断开,Y0 失电。因此,如图 1-3-9 所示梯形图实现了 Y0 的点动和连续运行两个功能,X2 为连续运行启动按钮,X1 为点动控制按钮。

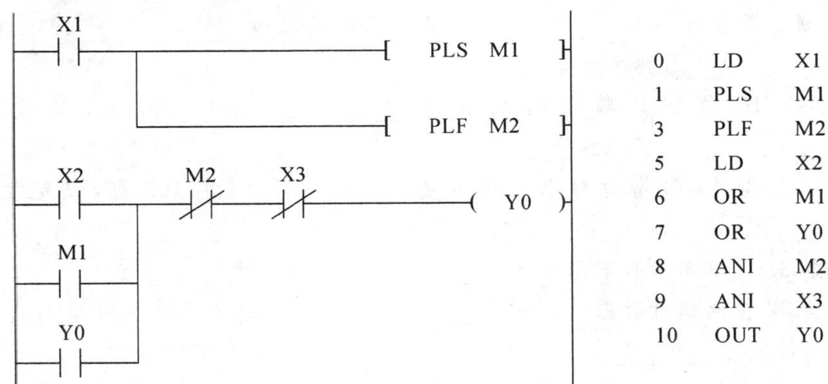

图 1-3-9 微分脉冲指令的应用

(二)脉冲式触点微分指令

对于三菱 FX1S、FX1N、FX2N 和 FX_{3U} 等系列的 PLC,除脉冲微分指令外还有专门的脉冲式触点微分指令 LDP、ANDP、ORP、LDF、ANDF、ORF。脉冲式触点微分指令的操作元件为输入继电器 X、输出继电器 Y、辅助继电器 M(不能是特殊辅助继电器)、定时器 T、计数器 C、状态继电器 S、数据寄存器 D□. b。

LDP、ANDP、ORP 为上升沿触点微分指令,仅在操作元件的上升沿到来时接通一个扫描周期。LDF、ANDF、ORF 为下降沿触点微分指令,仅在操作元件的下降沿到来时接通一个扫描周期。

运用触点微分指令也可实现如图 1-3-9 所示程序的功能,其应用举例如图 1-3-10 所示。

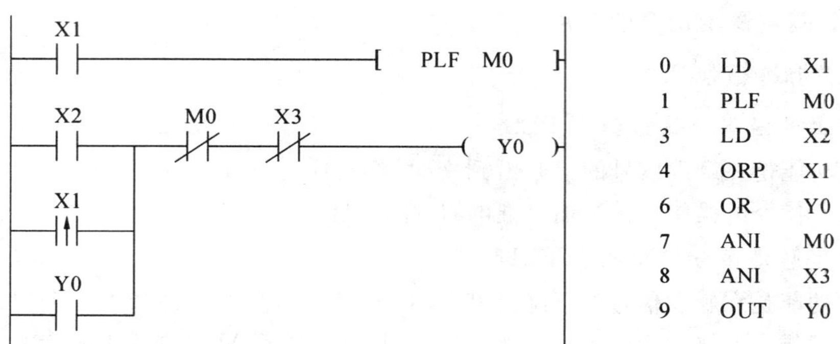

图 1-3-10　脉冲式触点微分指令的应用

习　题

一、填空题

1. 内部计数器是____________计数器，也称普通计数器，其输入信号的频率____________PLC 的扫描频率，主要有____________位增计数器和____________位增/减计数器(也称双向计数器)两类。

2. 16 位增计数器可分为____________16 位增计数器和____________16 位增计数器两类，编号为____________，共 200 点。

3. 通用型 16 位增计数器的编号为____________，共 100 点，其设定值范围为____________。

4. 断电保持型 16 位增计数器的编号为____________，共 100 点，设定值范围同样为____________。

5. 通用型 32 位双向计数器编号为____________，共____________点。

6. 通用型 32 位双向计数器可以进行____________，因此其设定值可以为负数，计数方向由特殊辅助继电器____________设定。

7. 当通用型 32 位双向计数器对应的特殊辅助继电器时，为减计数器；____________时，为增计数器。

8. ____________为置位指令，其功能是：使操作元件的线圈____________并保持____________，目标元件置为"____________"，即使是使线圈置位的触点断开，该线圈也将一直得电。

9. RST 为____________指令，其功能是：在触发信号接通时，使目标元件线圈复位清零，能用于多个控制场合。

10. ZRST 是____________指令，指令代码是 FNC40，与 RST 指令的区别是：RST 复位____________个地址，而 ZRST 复位一个____________的地址。

二、选择题

1. 计数器每次使用后必须用(　　)指令复位一次，才能再次使用。

A. SET　　B. RST　　C. MPP　　D. MPS

2. PLC 的计数器是(　　)。

A. 硬件实现的计数继电器　　B. 一种输入模块

C. 一种定时时钟继电器　　D. 软件实现的计数单元

3. FX_{3U}系列 PLC 中,16 位内部计数器,计数数值最大可设定为(　　)。

A. 32768　　B. 32767　　C. 10000　　D. 100000

4. ZRST 成批复位指令是将(　　)[D1·]、[D2·]为地址的区间所有软元件复位,也称为“区间复位指令”。

A. 源操作数　　B. 位数

C. 目标操作数　　D. 地址数

5. D(·)是目标操作数,存放(　　)组合元件的首地址。

A. 位元件　　B. 目标位　　C. 源位　　D. 结束位

三、判断题

1. 三菱 FX_{3U}系列 PLC 中的计数器可分为内部信号计数器和外部信号计数器两类。(　　)

2. SET 与 RST 指令均可以单独使用。(　　)

3. 对计数器 C 软元件,SET 指令、RST 指令可以多次使用,顺序随意,但以程序最后的指令有效。(　　)

4. 置位指令 SET 的功能是使被操作的元件接通并保持。(　　)

5. 复位指令 RST 的功能是使被操作的元件断开并保持。(　　)

6. 断电保持型 16 位双向计数器编号为 C220～C234,共 15 点。(　　)

7. 为保证程序可靠运行,SET、RST 指令的驱动通常采用短脉冲信号。(　　)

8. 32 位双向计数器是可设定计数为增或减的计数器,其编号为 C200～C219,共 20 点。(　　)

9. SET 指令对软元件进行置位后,需要用 RST 指令复位,否则将保持置“1”的状态。(　　)

10. 启动、保持、停止电路的启动优先控制方式,无论停止按钮是否处于闭合状态,只要按下启动按钮,便可以启动设备。(　　)

四、简答题

1. FX_{3U}系列 PLC 提供的计数器有哪些分类?功能分别是什么?

2. SET、RST 指令有什么作用?

3. 微分脉冲指令和脉冲式触点微分指令有什么作用?

五、设计题

1. 有一台包装机对 10 个一组的产品进行包装。用光传感器检测通过装配线上的产品个数,把信号传递给 PLC,每通过 10 个产品,PLC 便产生一个输出信号,接通电磁阀 3s,以进行包装工序。设计 PLC 控制程序。

2. 有一密码锁控制系统有 6 个按钮 SB1～SB6,其控制要求如下:

(1)SB5 为启动按钮,按 SB5 开始进行开锁作业,同时开始计时。

(2)SB1～SB4 为密码输入按钮。开锁条件:按顺序依次按压 SB1 3 次,SB2 1 次,SB3 2 次,SB4 4 次,10s 后,密码锁自动开启。

(3)若按压顺序、次数不正确或开锁时间超过 10s,则开锁时间一到,报警装置即报警。

(4)SB6 为停止按钮,按下 SB6 停止开锁作业,系统复位。

试画出该控制系统的输入/输出接线图,并设计其梯形图控制程序。

任务四　四人抢答器设计

任务导读

知识点	1. 了解七段数码显示管的排列和接线原理
	2. 熟悉七段数码显示管、主控(MC/MCR)指令和取反指令的使用方法
技能点	1. 掌握七段数码显示管的接线方法
	2. 能够正确绘制 I/O 接线图和正确安装四人抢答器电路
	3. 能够将主控(MC/MCR)指令和取反指令运用到四人抢答器系统程序中
实训要求	1. 运用软件 GX Developer 编写四人抢答器统程序,并下载到 PLC
	2. 按照绘制好的 I/O 分配表和接线图进行四人抢答器系统的安装、调试、运行
学习思路	通过对七段数码显示管、主控(MC/MCR)指令和取反指令应用案例的学习,熟悉七段数码显示管、主控(MC/MCR)指令和取反指令的使用方法,从而掌握编程技巧,最后完成四人抢答器系统的安装调试
建议学时	14 学时

任务引入

目前,各种知识竞赛、娱乐节目中采用的抢答器主要有模拟电路、数字电路、单片机或者 PLC、计算机控制系统四类产品。其中采用模拟电路或者数字电路的技术已经相当成熟,但是随着功能的增多,出现了电路复杂、成本偏高、故障率高、无法准确判断抢按行为、显示方式简单或者没有、不便于参数调节等弊端及其功能需要升级换代。而对于科技飞速发展的今天,PLC、单片机的应用带动了传统控制检测技术的不断更新,因此以 PLC、单片机为核心的部件成为主流。

本次任务将运用 FX_{3U}-48MR/ES 型 PLC 设计一个抢答器,实现四人抢答功能,如图 1-4-1所示。

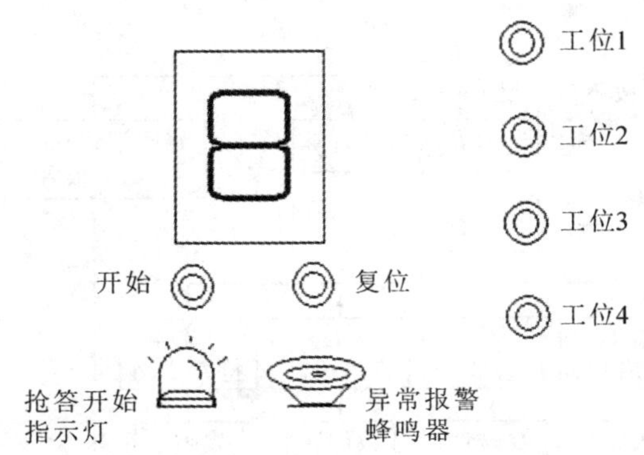

图 1-4-1　抢答器示意图

任务要求：

本次任务要求有如下 5 点：

(1)主持人按下启动键，指示灯亮表示可以开始抢答，否则提前抢答会触发报警蜂鸣器以 1s 的周期发声报警。

(2)抢答工位号为 1～4 的数码，抢答成功时七段数码管显示相应的工位数码。

(3)复位或无人抢答时，七段数码管显示 0。

(4)当有任意一工位抢答成功时，对其他 3 个抢答位进行封锁。

(5)利用主控指令 MC 和主控复位指令 MCR 实现复位操作，用于主持人清除允许抢答状态、异常抢答状态、正常抢答结束等。

任务分析

结合“任务要求”可知，本次任务设计的四人抢答器系统为主持人设置了开始和复位 2 个控制按键，一个用作启动抢答，一个用作清除允许抢答状态、清除异常抢答状态、正常抢答结束等，复位功能运用主控指令 MC 和主控复位指令 MCR 实现。当主持人按下开始按键时，抢答开始，指示灯亮起，表示可以开始抢答。抢答按键编号为 1～4，任一工位最先按下抢答器按键，七段数码管就显示该组的编号，以指示抢答成功，并对其后的抢答信号不再响应，此功能可用自锁和联锁实现。答题完毕或者抢答异常时，主持人可以按下复位按钮，抢答开始，指示灯熄灭，准备进入新一轮抢答。复位或无人抢答时，设计七段数码管显示 0。如果在未开始抢答时提前抢答，则视为违规，报警蜂鸣器以 1s 为周期发声报警。

四人抢答器控制系统工作流程如图 1-4-2 所示。

任务实施

(一)绘制 I/O 分配

PLC 控制四人抢答器系统的 I/O 分配表参见表 1-4-1。

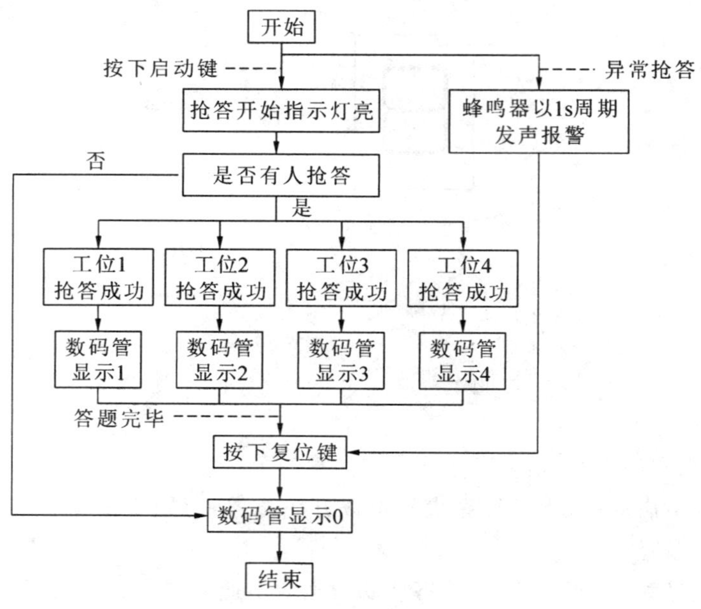

图 1-4-2　四人抢答器控制系统工作流程

表 1-4-1　PLC 控制四人抢答器系统的 I/O 分配表

输入			输出		
元件	作用	PLC 输入点	元件	作用	PLC 输出点
SB1			数码管 a 段		
SB2			数码管 b 段		
SB3			数码管 c 段		
SB4			数码管 d 段		
SB5			数码管 e 段		
SB6			数码管 f 段		
			数码管 g 段		
			指示灯		
			蜂鸣器		

(二)绘制 I/O 接线图

请将图 1-4-3 所示的 FX_{3U}-48MR/ES 型 PLC 控制的四人抢答器系统的 I/O 接线图补充完整。

(三)系统安装

1. 元件器材

用 FX_{3U}-48MR/ES 型 PLC 控制四人抢答器系统所需元件器材参见表 1-4-2。

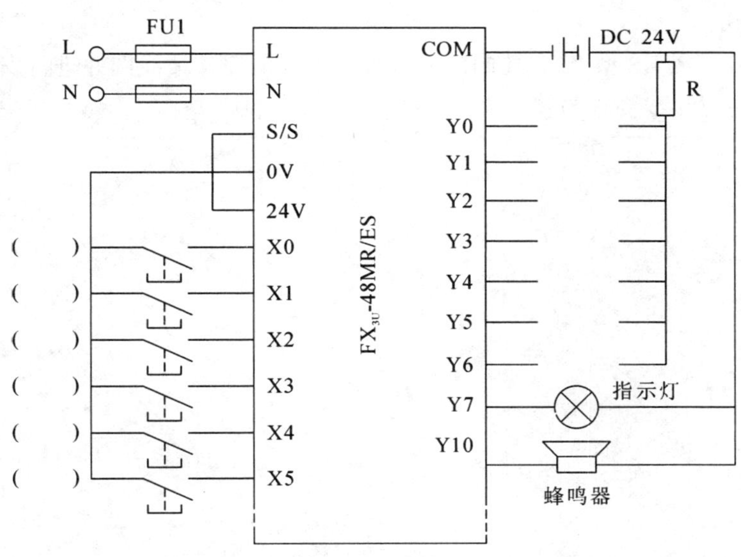

图 1－4－3　四人抢答器系统的 I/O 接线图

表 1－4－2　所需元件器材

序号	名称	型号规格	数量	单位	备注
1	计算机	装有 GX Developer 编程软件	1	台	
2	PLC	FX_{3U}－48MR/ES	1	台	
3	安装板	600mm×900mm	1	块	
4	空气断路器	Multi9 C65N D20	1	只	
5	熔断器	RT28－32	4	只	
6	控制变压器	JBK3－100　380/220V	1	只	
7	直流开关电源	DC24V、50W	1	只	
8	指示灯	XB2－BVB3C　24V	1	只	
9	蜂鸣器	BJ－1K　DC24V	1	只	
10	按钮	XB2－BA31C	6	只	
11	导轨	C45	0.3	米	
12	端子	D－20	20	只	
13	铜塑线	BV1/1.13mm^2	15	米	
14	铜塑线	BVR7/0.75mm^2	10	米	
15	紧固件		若干	只	
16	数码管	共阴极	1	个	

2. 安装接线

按 FX_{3U}-48MR/ES 型 PLC 控制四人抢答器系统的完整接线图并进行安装接线。要求在下面方框内写出接线要求与步骤。

(四)程序设计

(1)利用____________指令和____________指令控制实现复位操作。异常抢答报警的处理首先要实现的是判断主持人有无发出____________指令，利用抢答开始指示灯和____________反映抢答是否出现异常，如果出现异常抢答，则利用特殊辅助继电器____________或者____________器驱动报警蜂鸣器以 1s 的周期报警。本任务中，PLC 输出为高电平，七段数码显示管应采用____________接法。任一工位抢答成功后，其后的抢答信号不再响应，此功能可用____________（自锁、联锁）实现。

(2)如图 1-4-4 所示为 PLC 控制四人抢答器系统的部分梯形图程序，请填写括号内容，并将剩下的程序补充完整。

(3)根据图 1-4-4 所示梯形图程序，在下面方框内写出对应的指令语句。

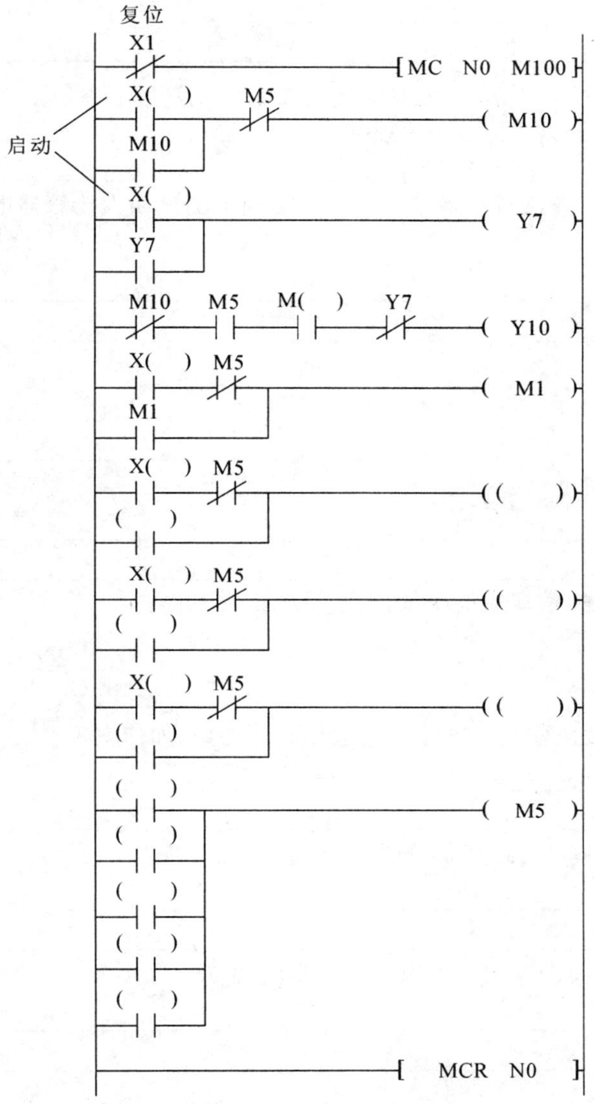

图 1-4-4　四人抢答器系统的部分梯形图程序

(五)系统调试

(1)将程序写入 PLC,并启动程序监控。

(2)打开软元件测试,模拟异常抢答、正常启动后抢答、复位操作等过程,观察程序运行是否符合任务要求。

(3)结合监控模式观察到的异常现象修改梯形图程序。

现象一:____

修改方法:____

现象二：________________

修改方法：________________

现象三：________________

修改方法：________________

(4)梯形图修改完毕，重新将程序写入 PLC，通电测试四人抢答器电路功能是否实现，根据故障现象检修电路。

故障一：________________

检修方法：________________

故障二：________________

检修方法：________________

故障三：________________

检修方法：________________

(5)故障检修完毕，重新通电测试，直至系统正常工作。

任务思考

1. 对于本任务，要求实现 10s 无人应答作放弃处理，如何实现？

____

____

2. 要求蜂鸣器按鸣 1s、停 0.5s 的方式报警，如何实现？

____

____

3. 本任务是否需要设置用于实现停止的常闭触点？为什么？

____

____

拓展与延伸

按下启动按钮 SB0，红灯以 1 次/s 的频率闪烁 10 次后熄灭，然后绿灯再以 2 次/s 的频率闪烁 5 次，最后两灯一起以 3 次/s 的频率闪烁 10 次。按下停止按钮 SB1 后，如果重新启动，则从红灯的闪烁开始运行。当 PLC 发生断电时，程序保持当前运行状态，重新送电后从当前状态开始继续运行。当开关 SA 闭合时，系统紧急停止运行，若要重新启动，需先将开关 SA 恢复到断开状态。设计 PLC 控制线路并编写程序。

任务评价

采用小组协作完成的方式，根据任务完成情况填写表 1-4-3，完成考核评价。

表 1-4-3　评分标准

班别：		小组：		姓名：		
考核内容	考核标准	分值	学生自评 30%	学生互评 30%	教师考评 40%	得分
I/O 分配	1. I/O 分配表绘制合理、规范	3				
	2. I/O 接线图绘制规范、正确	5				
程序设计	1. 熟练使用 GX Developer 编程软件	3				
	2. 程序设计规范、正确，能实现系统控制功能	3				
程序输入	1. 指令输入熟练、正确	3				
	2. 程序编辑、传输方法正确	3				
系统安装调试	1. 系统电路接线完整、正确，有必要的保护	5				
	2. 安装接线遵循安装原则，符合工艺要求	5				
	3. 调试方法合理、正确	5				
	4. 按下开始按钮之前，有人提前抢答会触发蜂鸣器以 1s 的周期发声报警	8				
	5. 按下开始按钮，抢答指示灯亮	4				
	6. 任一工位抢答成功时，七段数码管显示相应工位号	10				
	7. 任一工位抢答成功时，其他 3 个工位被封锁	8				
	8. 能正确运用主控指令(MC/MCR)实现复位操作	5				
	9. 按下复位键或者无人抢答时，七段数码管显示 0	8				
	10. 能正确分析常见故障和使用工具排除故障	5				
学习能力	1. 解答问题正确，思路清晰	5				
	2. 在规定时间内完成任务	2				
	3. 团结协作，学习积极主动	5				
职业素养	任务完成后，将实训导线及其他实训物品整理好，放回指定位置	5				
总分		100				

知识链接

一、主控指令(MC/MCR)

MC 为主控指令，其功能是通过操作元件的常开触点将左母线移位，置于主控触点之后，形成主控电路块，在程序执行中，MC 指令占 3 步。主控指令 MC 的操作元件分为主控标志和具体的操作元件，主控标志编号为 N0～N7，按照从小到大的顺序使用；具体的操作元件有输出继电器 Y、辅助继电器 M(不能是特殊辅助继电器)。

MCR 为主控复位指令，其功能是将主控指令 MC 移位后的左母线复位，使主控电路块结束，在程序执行中，MCR 指令占 2 步。主控复位指令 MCR 的操作元件为主控标志，编号为 N0～N7，与主控指令 MC 相对应，返回时按照从大到小的顺序使用。

主控指令 MC 与主控复位指令 MCR 是成对使用的。当执行 MC 后，左母线移到操作元件的常开触点后面。操作元件的常开触点是主控指令的标记，与左母线相连，相当于控制一组电路的总开关，在梯形图中与其他触点垂直，编程时不需要输入。主控指令(MC/MCR)的等效梯形图如图 1-4-5所示。

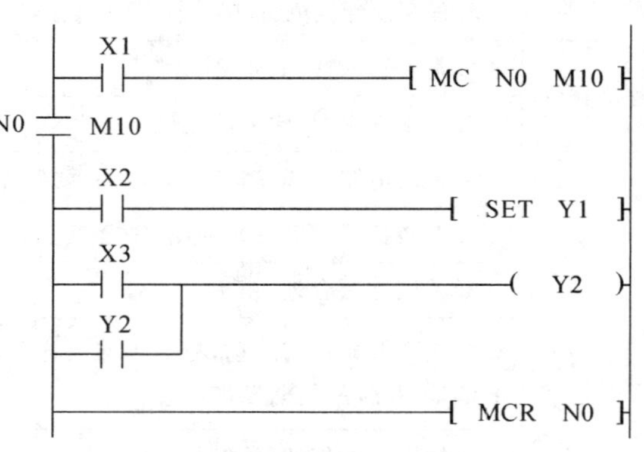

图 1-4-5 主控指令(MC/MCR)的等效梯形图

在主控指令(MC/MCR)控制范围内，如果有用复位/置位指令驱动的元件，则当主控指令 MC 的输入触点断开时，这些元件均保持当前状态。主控指令(MC/MCR)的应用实例如图 1-4-6 所示。在程序执行时，若将常闭触点 X2 断开，系统紧急停止运行，由于线圈 Y2 被置位，因此当重新闭合常开触点 X1 时，线圈 Y2 保持原来的状态。

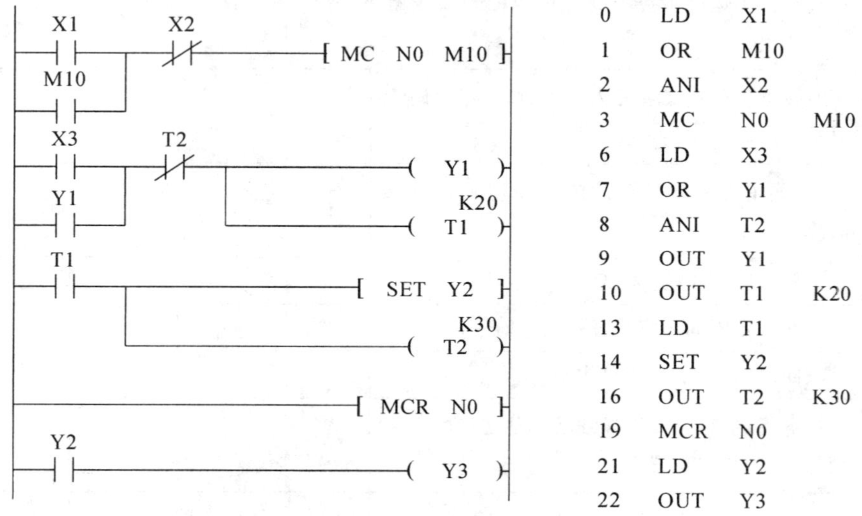

图 1-4-6 主控指令(MC/MCR)的应用

主控指令(MC/MCR)可以嵌套使用,如图 1-4-7 所示,即在使用一次主控指令 MC 后,在使用主控复位指令 MCR 之前,可以再次使用主控指令 MC,按照主控标志 N0~N7 的顺序从小到大增加,使用主控复位指令 MCR 返回时,按照主控标志 N7~N0 的顺序从大到小减小。由于主控标志用 N0~N7 表示,因此嵌套设置不能超过 8 级。

二、七段数码显示管

七段数码显示管是一种价格实惠、使用简单的数字显示器件,它通过对不同的管脚输入相对的电流,使相应的 LED 发光。七段数码管有 7 个发光二极管,用来显示 0~9 的十进制数字,也可以显示 A~F 的十六进制英文字母,其中显示数码字母 b、d 为小写,其他显示数码字母为大写。七段数码显示管的排列规律如图 1-4-8 所示。

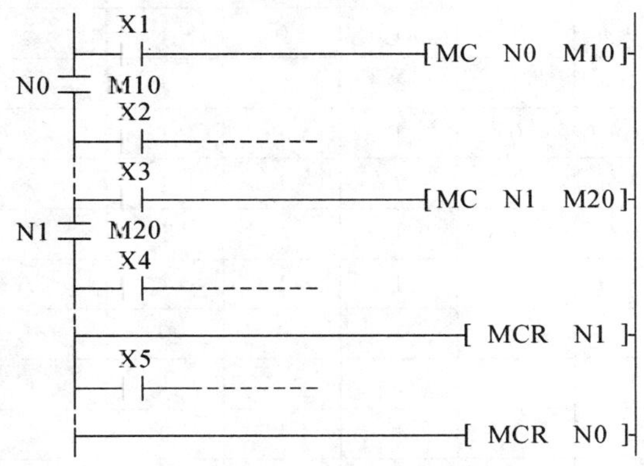

图 1-4-7　主控指令(MC/MCR)的嵌套应用

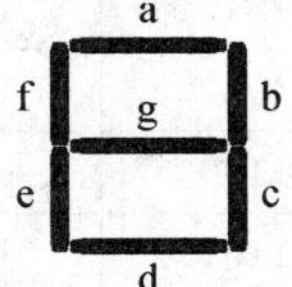

图 1-4-8　七段数码显示管的排列规律

七段数码显示管有两种接法,即共阳极接法和共阴极接法,接法原理如图 1-4-9 所示。共阳极七段数码管的正极为 7 个发光二极管的共有正极,其他接点为发光二极管的负极,只要把正极接高电平,不同的负极接地,就能控制七段数码管显示不同的数字。共阴极七段数码管的原理与共阳极七段数码管相反。

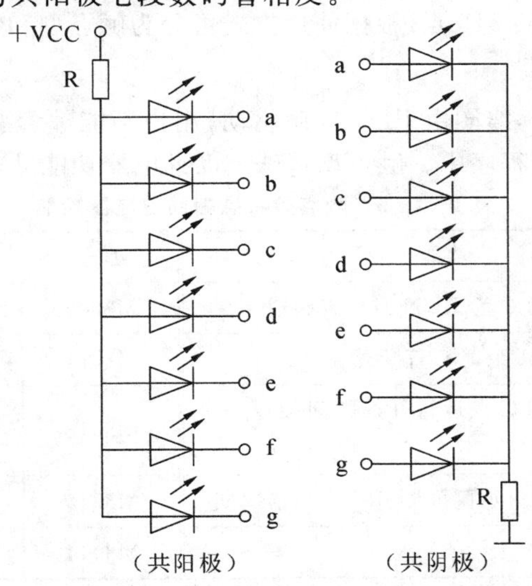

图 1-4-9　共阳极和共阴极数码管接法原理

本次任务采用共阴极接法，下面列出共阴极七段数码管显示各个数字与字母发光段的不同组合关系见表 1-4-4。

表 1-4-4　共阴极接法数码管的不同组合关系

十六进制	二进制	g	f	e	d	c	b	a	显示数码
0	0000	0	1	1	1	1	1	1	0
1	0001	0	0	0	0	1	1	0	1
2	0010	1	0	1	1	0	1	1	2
3	0011	1	0	0	1	1	1	1	3
4	0100	1	1	0	0	1	1	0	4
5	0101	1	1	0	1	1	0	1	5
6	0110	1	1	1	1	1	0	1	6
7	0111	0	1	0	0	1	1	1	7
8	1000	1	1	1	1	1	1	1	8
9	1001	1	1	0	1	1	1	1	9
A	1010	1	1	1	0	1	1	1	A
B	1011	1	1	1	1	1	0	0	b
C	1100	0	1	1	1	0	0	1	C
D	1101	1	0	1	1	1	1	0	d
E	1110	1	1	1	1	0	0	1	E
F	1111	1	1	1	0	0	0	1	F

三、特殊辅助继电器

FX_{3U}系列 PLC 中，都有一些被赋予了特定功能的辅助继电器，称为“特殊辅助继电器”，编号为 M8000～M8511，共 512 点，根据使用方式可分为触点型和线圈型两大类。

1. 触点型

用户只可使用其触点，线圈由 PLC 自动驱动，用户不能编程驱动，常用于时基、状态标志或专用控制组件出现在程序中。触点型特殊辅助继电器功能见表 1-4-5。

表 1-4-5　触点型特殊辅助继电器功能

编号	功能	编号	功能
M8000	运行监控，PLC 为 RUN 时一直接通	M8005	PLC 备用电池电量低标志
M8001	当 PLC 为 RUN 时一直断开	M8011	产生 10ms 时钟脉冲
M8002	初始脉冲，PLC 在运行开始瞬间接通一个扫描周期	M8012	产生 100ms 时钟脉冲
M8003	在 PLC 运行开始瞬间断开一个扫描周期	M8013	产生 1s 时钟脉冲
M8004	PLC 出错	M8014	产生 1min 时钟脉冲

触点型特殊辅助继电器的应用实例如图 1－4－10 所示。

```
0   LD    M8002
1   OR    M1
2   OUT   M1
3   LD    M8013
4   AND   M1
5   OUT   Y1
```

图 1－4－10 触点型特殊辅助继电器的应用

在图 1－4－10 所示电路中，PLC 由停止状态变为运行状态时，M8002 接通一个扫描周期，M1 得电自锁，其常开触点闭合，Y1 随 M8013 以 1s 的周期不停闪烁。

2. 线圈型

由用户程序驱动线圈后，PLC 执行特定的动作。线圈型特殊辅助继电器功能见表1－4－6。

表 1－4－6 线圈型特殊辅助继电器功能

编号	功能	编号	功能
M8030	熄灭锂电池欠电压 LED 灯	M8036	强制 RUN 信号
M8033	PLC 停止时，输出保持	M8037	强制 STOP 信号
M8034	禁止所有输出	M8039	定时扫描方式
M8035	强制 RUN 方式		

特殊辅助继电器还有很多，此处不做详细说明，对于未定义的特殊辅助继电器，用户在程序中不可使用。

四、逻辑运算结果取反指令

逻辑运算结果取反指令 INV 的功能是将运算结果取反，无操作元件，应用实例如图 1－4－11所示。两个梯形图程序的运行结果相同，当常开触点 X1 闭合时，辅助继电器 M1 得电自锁，其常开触点闭合，常闭触点断开。如图 1－4－11(a)中，当常开触点 X2 和 M1 同时闭合时，Y1 线圈得电；如图 1－4－11(b)中，由于运用了取反指令 INV，因此当常开触点 X2 和 M1 同时断开时，Y1 线圈得电。

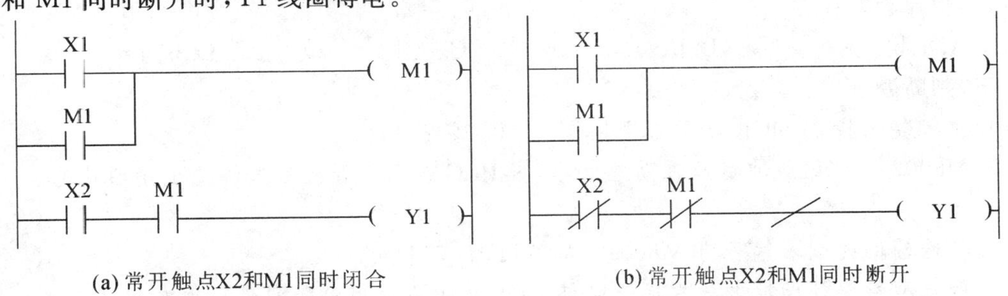

(a) 常开触点X2和M1同时闭合　　(b) 常开触点X2和M1同时断开

图 1－4－11 逻辑运算结果取反指令 INV 的应用

习　题

一、填空题

1. ____________的功能是通过操作元件的____________触点将左母线移位，置于主控触点之后，形成主控电路块。

2. 主控指令 MC 的操作元件分为____________和具体的操作元件，主控标志编号为____________，按照____________的顺序使用。

3. MCR 为____________指令，功能是：将主控指令 MC 移位后的左母线复位，使主控电路块____________。

4. 主控复位指令 MCR 的操作元件为____________，编号为 N0～N7，与主控指令 MC 相对应，返回时按照____________的顺序使用。

5. 主控指令(MC/MCR)可以嵌套使用，由于主控标志用____________表示，因此嵌套设置不能超过____________级。

6. 七段数码显示管通过对不同的管脚输入相对的____________，使相应的 LED 发光。

7. 七段数码管有 7 个发光二极管，用来显示的十进制数字，也可以显示____________的十六进制英文字母，其中____________、____________为小写，其他为大写。

8. 逻辑运算结果取反指令____________的功能是将运算结果____________，无操作元件。

二、选择题

1. 下列指令属于主控复位指令的是(　　)。

A. MC　　B. MCR　　C. RST　　D. ZRST

2. 主控指令 MC 的主控标志编号是(　　)。

A. N0～N7　　B. N1～N7　　C. M0～M7　　D. M1～M7

3. 主控指令(MC/MCR)嵌套设置不能超过(　　)级。

A. 5　　B. 6　　C. 7　　D. 8

4. 七段数码管有 7 个发光二极管，可用来显示(　　)的十进制数字。

A. 0～10　　B. 1～9　　C. 0～9　　D. 0～8

5. 七段数码管有 7 个发光二极管，可以显示 A～F 的十六进制英文字母，其中(　　)为小写，其他为大写。

A. a、b　　B. b、c　　C. c、d　　D. b、d

三、判断题

1. 主控复位指令 MCR 必须与主控指令 MC 成对使用。(　　)

2. M8002 为初始脉冲特殊辅助继电器，当 PLC 在运行开始后始终处于接通状态。(　　)

3. 特殊辅助继电器编号为 M8001～M8511，共 511 点。(　　)

4. 触点型特殊辅助继电器常用于时基、状态标志或专用控制组件出现在程序中。(　　)

5. 七段数码显示管有共阳极接法和共阴极接法。 ( )

6. 执行 MC 指令后，左母线移到 MC 触点的后面，利用 MCR 指令恢复原左母线的位置。 ( )

7. MC 指令的操作元件为输出继电器 Y 和辅助继电器 M，可以用特殊辅助继电器。 ( )

四、简答题

1. 主控指令 MC/MCR 的功能分别是什么？

2. 特殊辅助继电器有哪些分类？有什么作用？

3. 七段数码显示管有哪些接法？分别画出不同接法的原理图。

五、设计题

实现用 7 个按钮 SB1～SB7 控制七段数码管显示 0～7 的数码，控制要求见表 1-4-7。设计 PLC 控制程序。

表 1-4-7 按钮控制数码管显示控制要求

按钮							显示数字
SB1	SB2	SB3	SB4	SB5	SB6	SB7	
0	0	0	0	0	0	0	0
1	0	0	0	0	0	0	1
0	1	0	0	0	0	0	2
0	0	1	0	0	0	0	3
0	0	0	1	0	0	0	4
0	0	0	0	1	0	0	5
0	0	0	0	0	1	0	6
0	0	0	0	0	0	1	7

项目二

顺序性实训项目

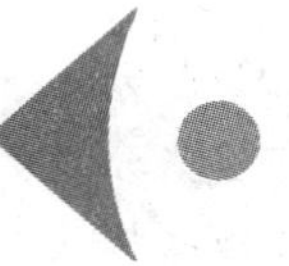

项目导读

在前面介绍的各任务中，对梯形图的设计存在较强的试探性和随意性，没有固定的规律可以遵循，系统设计过程需要反复调试和修改，设计比较复杂的系统时，会出现设计周期长、程序可读性差、系统维护困难等问题。因此，对于简单的逻辑控制，可以通过既往经验使用中间单元指令的自锁、连锁、记忆等方式实现控制要求，而对于复杂的控制系统，特别是顺序控制系统，单凭经验式的试探性编程，很难达到理想的控制目的。

顺序控制系统是指按照预先规定的顺序，各个执行机构自动根据内部状态和时间顺序进行操作，生产过程是按顺序、有步骤地一个阶段接着一个阶段进行。为了提高复杂控制系统的设计效率，使程序更便于调试和修改，增加程序可读性，本项目将引入顺序控制设计法、学习顺序功能图的应用以及 STL/RET 步进指令的运用。

工作任务

1. 污水池处理装置系统设计。
2. 自动往返智能小车控制系统设计。
3. 多种液体混合系统设计。
4. 智能交通灯控制系统设计。

学习目标

1. 了解顺序功能图(SFC)与 STL/RET 步进指令编程语言的结构。
2. 掌握单流程程序设计。
3. 掌握循环程序设计。
4. 掌握并行分支、选择性分支状态程序设计。
5. 掌握时序图基本知识。

建议学时

42 学时。

任务一 污水池处理装置系统设计

任务导读

知识点	1. 了解 SFC 的功能与作用
	2. 熟悉 SFC 中的“步”“状态”“有向连接”和“转移条件”的概念
技能点	1. 掌握 SFC 和 STL/RET 步进指令的使用方法和技巧
	2. 掌握单流程步进程序设计方法，并能完成污水池处理装置系统程序的设计
实训要求	1. 运用软件 GX Developer 编写 SFC 程序，并下载到 PLC
	2. 按照 I/O 分配表和接线图进行污水池处理装置系统的安装、调试、运行
学习思路	绘制出污水处理的流程图，根据步骤划分排水电机的运行状态，建立程序功能图(SFC)
建议学时	10 学时

任务引入

污水处理厂计划用两台水泵电机为一个污水池进行污水排放，污水池底部安装有水位传感器，传感器能对水位进行判断。当水池的污水都排放完毕后，传感器发送排水完成信号。污水处理系统装置示意图如图 2-1-1 所示。

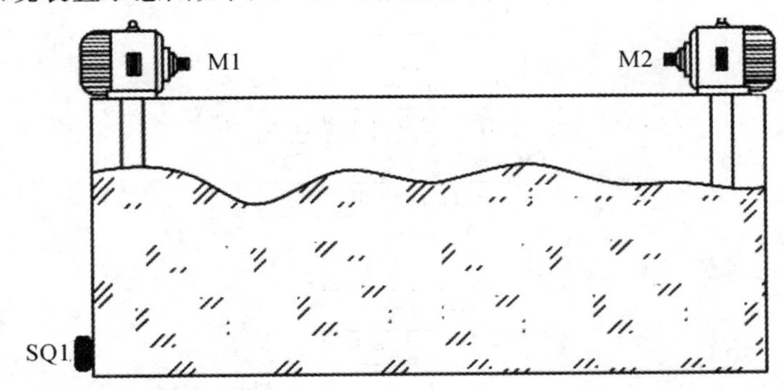

M1——水泵电机 M1；M2——水泵电机 M2；SQ1——水位传感器。

图 2-1-1 污水处理系统装置示意图

任务要求：

本次任务要求有如下 6 点：

(1)当按下启动按钮时，两台水泵电机同时启动开始排水。

(2)排水 30min 后，两台水泵电机同时停机休息。

(3)停机 10min 后，两台水泵电机再次同时启动排水。

(4)当污水池水位降低，污水被排空时，传感器 SQ1 被触发，两台电动机受控停止运行。

(5)两台电动机停止运行 1min 后，绿色指示灯亮，显示完成污水排放。

(6)当按下停止按钮时，指示灯熄灭，系统恢复初始状态。

任务分析

根据"任务要求"可知，本任务是一个时间顺序控制系统，可以采用基本逻辑指令编程，也可以采用单流程步进程序完成设计。利用单流程步进程序设计的运行过程如下：

初始状态，两台水泵电机均不工作，指示灯不亮。

(1)按下启动按钮时，水泵电机 M1 和 M2 同时启动运行进行排水，排水时间为 30min。

(2)排水 30min 后，水泵电机 M1 和 M2 停机休息 10min。

(3)停机休息 10min 后，水泵电机 M1 和 M2 再次启动运行进行排水。

(4)低水位传感器 SQ1 被触发，水泵电机 M1 和 M2 同时停止运行。

(5)水泵电机 M1 和 M2 停止运行 1min 后，绿色指示灯亮起，显示排水完成。

(6)按下停止按钮，指示灯熄灭，系统恢复初始状态。

由于本次任务涉及的时间过长，不便于观察现象，因此在设计程序时，将排水时间 30min 改成 30s，将停机休息时间 10min 改成 10s，将污水排空后的电机停止运行时间 1min 改成 1s。污水池处理装置系统工作流程如图 2－1－2 所示。

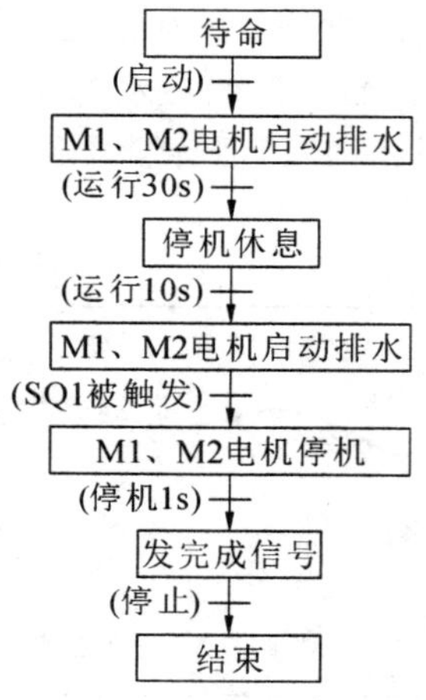

图 2－1－2　污水池处理装置系统工作流程

任务实施

(一)绘制 I/O 分配表

PLC 控制污水处理系统装置电路的 I/O 分配表参见表 2-1-1。

表 2-1-1　污水处理系统装置电路的 I/O 分配表

输入			输出		
元件	作用	PLC 输入点	元件	作用	PLC 输出点
SB1			KM1		
SB2			KM2		
SQ1			HL1		

(二)绘制 I/O 接线图

请绘制 FX_{3U}-48MR/ES 型 PLC 控制污水池处理装置系统的 I/O 接线图。

(三)系统安装

1. 元件器材

用 FX_{3U}-48MR/ES 型 PLC 控制污水池处理装置系统所需元件器材参见表 2-1-2。

表 2-1-2　所需元件器材

序号	名称	型号规格	数量	单位	备注
1	计算机	装有 GX Developer 编程软件	1	台	
2	PLC	FX_{3U}-48MR/ES	1	台	
3	安装板	600mm×900mm	1	块	
4	熔断器	RT28-32	10	只	
5	空气断路器	Multi9 C65N D20	1	只	
6	接触器	NC3-09/220	2	只	
7	热继电器	NR4-63(1-1.6A)	2	只	

续表 2-1-2

序号	名称	型号规格	数量	单位	备注
8	三相异步电动机	JW6324-380V 250W 0.85A	2	台	
9	控制变压器	JBK3-100 380/220V	1	只	
10	按钮	LA4-3H	1	只	
11	行程开关	LX19-111	1	只	
12	导轨	C45	0.3	米	
13	端子	D-20	20	只	
14	铜塑线	BV1/1.37mm²	10	米	主电路
15		BV1/1.13mm²	15	米	控制电路
16		BVR7/0.75mm²	10	米	
17	紧固件		若干	只	

2. 安装接线

按 FX_{3U}-48MR/ES 型 PLC 控制污水池处理装置系统的完整接线图进行安装接线。要求写出接线要求与步骤。

(四)程序设计

(1)采用基本逻辑指令编程方法进行程序设计。

(2)采用单流程步进程序完成设计。顺序功能图(Sequential Function Chart,SFC)的运行规则是:从__________开始执行,当每一工步的__________满足时,当前步转成执行

下一步，当遇到＿＿＿＿＿＿命令时结束所有步的运行。采用 SFC 进行 PLC 应用编程可以在程序中直观地看到设备的＿＿＿＿＿＿。由于 SFC 是按照设备(或工艺)的动作顺序进行编写的，因此程序的＿＿＿＿＿＿和＿＿＿＿＿＿较强。设计顺序功能图程序时，不需要设计复杂的＿＿＿＿＿＿电路，降低程序设计和系统维护的难度。状态元件(S)具有＿＿＿＿＿＿的特点，即当步进程序执行到某一状态时，该状态元件后的程序＿＿＿＿＿＿，若步进程序＿＿＿＿＿＿到下一个状态，则前一个状态自动复位，即其后的程序＿＿＿＿＿＿。运用 STL 指令编制的顺序控制梯形图的＿＿＿＿＿＿和＿＿＿＿＿＿与 SFC 很接近，其控制的每一步对应一段＿＿＿＿＿＿，步与步之间＿＿＿＿＿＿，STL 程序区内可以使用＿＿＿＿＿＿的大多数指令和结构，运用 STL 指令编制顺序控制梯形图能够提高＿＿＿＿＿＿，减少＿＿＿＿＿＿。

(3)如图 2-1-3 所示为 PLC 控制污水池处理装置系统的部分状态转移图程序，请将程序补充完整，并画出对应的梯形图程序。

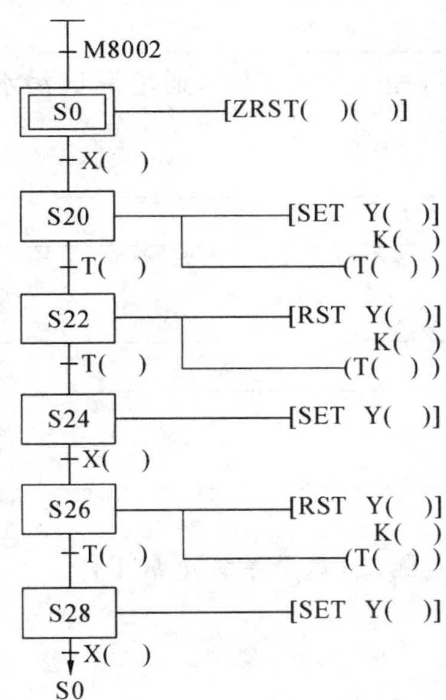

图 2-1-3 污水池处理装置系统的部分状态转移图程序

(4)根据图 2-1-3 所示的梯形图程序写出对应的指令语句。

(五)系统调试

(1)将程序写入 PLC,并启动程序监控。

(2)打开软元件测试,模拟污水池处理装置系统工作过程,观察程序运行是否符合任务要求。

(3)结合监控模式观察到的异常现象修改梯形图程序。

现象一:________________

修改方法:________________

现象二:________________

修改方法:________________

现象三:________________

修改方法:________________

(4)梯形图修改完毕,重新将程序写入 PLC,通电测试污水池处理装置系统电路功能是否实现,根据故障现象检修电路。

故障一:________________

检修方法:________________

故障二:________________

检修方法:________________

故障三:________________

检修方法:________________

(5)故障检修完毕,重新通电测试,直至系统正常工作。

任务思考

1. 用 SFC 编程时,两个不同的工步出现相同的输出(线圈)点,会不会有影响,为什么?

____

____

2. SFC 的状态有哪两种,其区别在哪里?

____

____

3. SFC 程序能否在两个相连的有向线段中同时执行两个状态?

____

____

拓展与延伸

按下列步骤完善污水排水系统。

(1)按下启动按钮时,如污水水位高于低水位传感器 SQ1,则水泵电机 M1 和 M2 同时启动运行进行排水,水泵电机工作指示红灯 LED1、LED2 亮。

(2)直到排水低于低水位传感器 SQ1,水泵电机 M2 关闭,水泵电机工作指示红灯 LED2 灭。水泵电机 M1 继续运转,水泵电机工作指示红灯 LED1 继续保持亮的状态。

(3)2s 后水泵电机 M1 停止运转,水泵电机工作指示红灯 LED1 灭,系统工作指示绿灯亮。

(4)当污水水位又超过低水位传感器 SQ1 时,循环步骤(1)～(3)程序。

(5)按下停止按钮,指示灯熄灭,系统结束运行。

任务评价

采用小组协作完成的方式,根据任务完成情况填写表 2-1-3,完成考核评价。

表 2-1-3 评分标准

班别:		小组:	姓名:			
考核内容	考核标准	分值	小组自评 30%	小组互评 30%	教师评价 40%	得分
I/O 分配	1. I/O 分配表绘制合理、规范	3				
	2. I/O 接线图绘制规范、正确	5				
程序设计	1. SFC 顺序功能图编写正确	10				
	2. SFC 编译无误且能转换成 STL 梯形图	5				
程序输入	1. 指令输入熟练、正确	2				
	2. 程序编辑、传输方法正确	2				
系统安装调试	1. 系统电路接线完整、正确,有必要的保护	3				
	2. 安装接线遵循安装原则,符合工艺要求	5				
	3. 调试方法合理、正确	3				
	4. 按下启动按钮后,两台电动机均能启动运行,并工作 30s	5				
	5. 30s 后,两台电动机自动停机休息 10s	7				
	6. 10s 后,两台电动机均能再次启动运行	7				
	7. 行程开关 SQ1 被触发时,电动机 M1、M2 同时停止运行	5				
	8. 两台电动机均停止运行,1s 后,绿色指示灯亮	8				

续表 2-1-3

考核内容	考核标准	分值	小组自评 30%	小组互评 30%	教师评价 40%	得分
系统安装调试	9. 实现上述工序循环运转	5				
	10. 按下停止按钮后，指示灯熄灭，系统回到初始状态	5				
	11. 能正确分析常见故障和使用工具排除故障	5				
学习能力	1. 解答问题正确，思路清晰	3				
	2. 在规定时间内完成任务	2				
	3. 团结协作，学习积极主动	5				
职业素养	任务完成后，将实训导线及其他实训物品整理好，放回指定位置	5				
总分		100				

知识链接

一、SFC

SFC 是一种新颖的编程语言，是用状态元件描述工步状态的工艺流程图。SFC 符合国际电工委员会（International Electrotechnical Commission，IEC）标准，并被首选推荐作为可编程控制器的通用编程语言，在 PLC 应用领域中得到广泛应用。

SFC 的运行规则是：从初始步开始执行，当每一工步的转换条件满足时，当前步转成执行下一步，当遇到 END 命令时结束所有步的运行。因此采用 SFC 进行 PLC 应用编程具有以下优点：

（1）可以在程序中直观地看到设备的动作顺序。由于 SFC 是按照设备（或工艺）的动作顺序进行编写的，因此程序的规律性和可读性较强。

（2）当设备发生故障时，可以更容易地找出故障原因。

（3）设计程序时，不需要设计复杂的互锁电路，降低程序设计和系统维护的难度。

SFC 通常由步（初始步、活动步、一般步）、有向线段、转移条件、转移方向和命令动作组成。步是指 SFC 中的工步，一个工步对应一个“状态”；有向线段是指 SFC 各个状态之间的连接线，激活状态的先后顺序；在有向线段的中间，用垂直短线将前后两个状态隔开，表示状态转换所需要满足的条件。SFC 结构如图 2-1-4 所示。

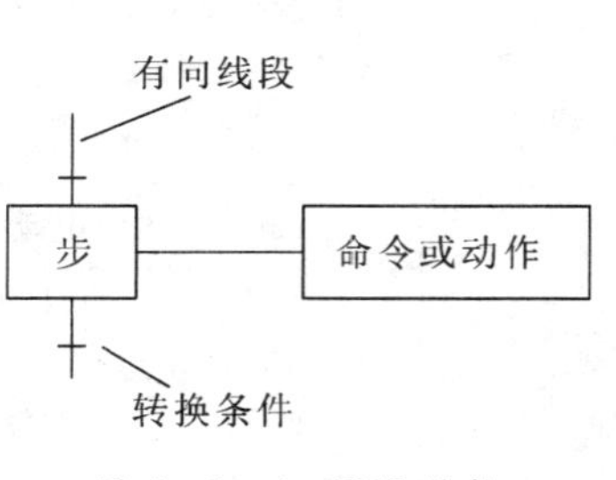

图 2-1-4　SFC 结构

(一)步(状态)

在控制系统中，某个执行装置在某一时段保持相对不变的动作，称为“步”或“状态”。状态元件(S)是步进程序设计时必不可少的软元件，每一个状态元件代表步进程序中的一个步序，用来完成步进控制中的一个工步。状态元件分类见表2-1-4。

表2-1-4　状态元件分类

序号	分类	编号	说明
1	初始状态	S0～S9	步进程序开始时使用
2	回原点状态	S10～S19	系统返回原始位置时使用
3	通用状态	S20～S499	实现顺序控制的各个工步时使用
4	断电保持状态	S500～S899	实现顺序控制的各个工步时使用
5	外部故障诊断	S900～S999	进行外部故障诊断时使用

步进顺序控制程序相当于流水生产线，每条流水生产线都分为若干个工位，每个工位完成产品的一个加工步骤，到生产线的结束，直至产品生产成型。而在步进顺控程序中，同样按照控制要求把系统的控制过程划为若干个顺序相连的阶段，这些阶段称为步或状态，每个状态都执行若干个控制动作，并在状态元件(S)中完成，因此状态元件(S)相当于流水生产线中的工位，PLC执行完步进控制程序中的所有状态，也就实现了控制要求。

状态元件(S)具有自动复位的特点，即当步进程序执行到某一状态时，该状态元件后的程序执行；若步进程序转移到下一个状态，则前一个状态自动复位，即其后的程序不再执行。

状态元件(S)在不用于步进程序时，可以作为通用辅助继电器M使用，其功能和通用辅助继电器M相同，如图2-1-5所示。

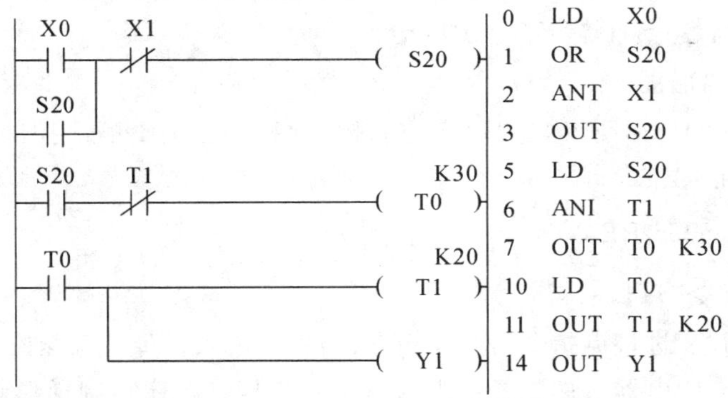

图2-1-5　状态元件作为通用辅助继电器使用

如图2-1-5所示梯形图为一个振荡电路，常开触点X0接通后，Y1以接通2s断开3s的方式不停振荡，按下X1后停止；其中状态元件S20起到接通和断开电路作用，相当于一个通用辅助继电器。

(二)SFC的应用

SFC叫“顺序功能图”，也称作“状态转移图”，是将整个系统的控制过程分成若干个工作状态 S，确定各个工作状态的控制功能、转移条件和转移方向，再按系统控制要求的顺序连成一个整体，以实现对系统的正确控制。SFC 的应用举例如图 2-1-6 所示。

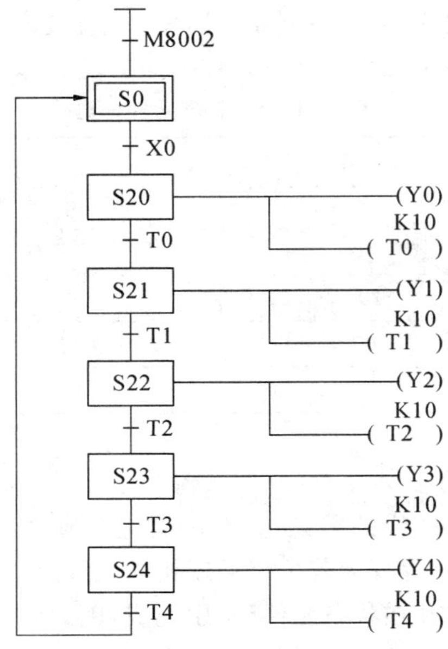

图 2-1-6　SFC 的应用

当 PLC 上电时，M8002 接通一个扫描周期，步进程序进入初始状态，S0 等待启动；按 X0 启动后，步进程序从状态 S0 转移到 S20，此时 Y0 接通，定时器 T0 开始延时，同时状态 S0 自动复位；延时 1s 后，T0 常开接通，状态转移到 S21，Y1 接通，定时器 T1 开始延时，同时状态 S20 自动复位，Y0、T0 断开，如此一个个状态依次往下执行，直到状态 S24，当 T4 延时到步进程序转移到状态 S0，等待下一次启动。

二、顺序控制梯形图

根据 SFC 设计的梯形图，称为"顺序控制梯形图"。在编辑顺序控制梯形图时，通常用到步进指令 STL 和 RET。

(一)步进指令 STL/RET

1. 步进接点指令 STL

STL 指令称为"步进接点指令"，其作用是：当程序进入以步进流程控制的步进梯形状态时，STL 指令把状态继电器 S 的常开触点与左母线连接。顺序控制梯形图与顺序功能图的对应关系如图 2-1-7 所示。

如图 2-1-7 所示，当 S20 为活动步时，对应的 STL 触点接通，其右侧电路被处理，该步的负载线圈 Y1 被驱动。当 S20 对应的 STL 触点闭合后，若满足常开触点 X1 接通这个转换条件，则实现转换，后面的步对应的状态继电器 S22 被 SET 指令置位，S22 变为活动步，其对应的 STL 触点接通，同时 S20 被系统自动复位。

运用 STL 指令编制的顺序控制梯形图具有以下特点：

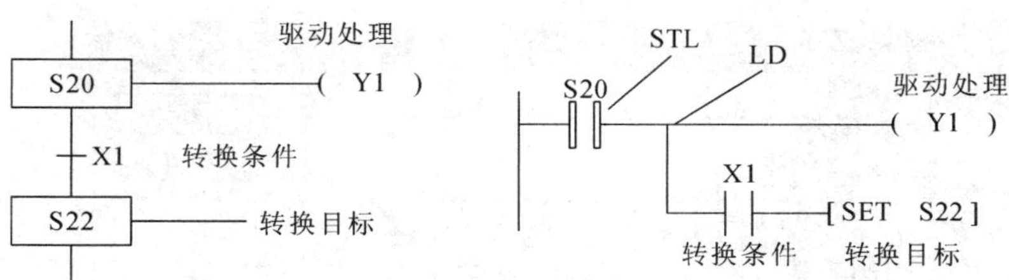

图 2-1-7　顺序控制梯形图与顺序功能图的对应关系

(1)流程和工作与顺序功能图很接近。

(2)STL 指令控制的每一步对应一段程序，步与步之间完全隔离。

(3)STL 程序区内可以使用标准梯形图的大多数指令和结构。

(4)提高编程效率，减少编程错误。

2. 步进返回指令 RET

RET 称为“步进返回指令”，其作用是当前以 S0～S9 为起始步的步进控制梯形图结束时，RET 指令使母线回归到一般梯形图状态，如图 2-1-8 所示。

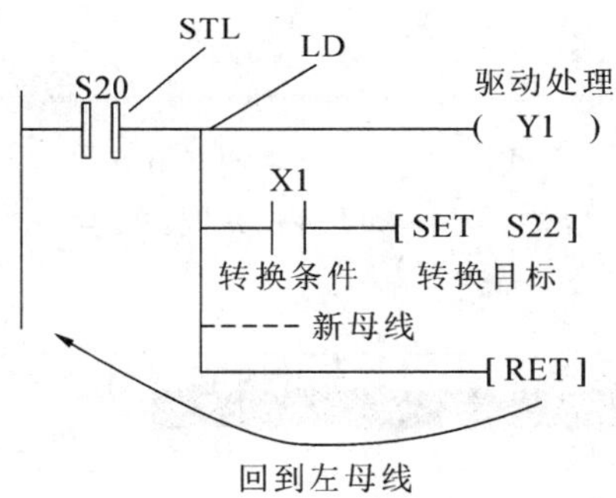

图 2-1-8　RET 的作用

(二)步进指令 STL/RET 的使用注意事项

(1)步进程序编程时必须使用步进节点 STL 指令，程序最后必须使用步进返回 RET 指令。

(2)步进节点之后必须先进行线圈驱动，再进行状态转移，顺序不能颠倒。

(3)三菱 FX_{3U} 系列 PLC 在步进程序中支持双线圈输出，即在不同状态可以驱动同一编号软元件的线圈，但在相邻状态使用的定时器或计数器最好不要相同。

(4)在 STL 和 RET 指令之间不能使用 MC、MCR 指令。

(5)用步进指令设计系统时，一般以系统的初始条件作为初始状态的转移条件，若系统无初始条件，可用初始化脉冲 M8002 驱动转移。

(6)状态转移条件中不能使用 ANB、ORB、MPS、MRD 和 MPP 指令。

三、SFC 工程的创建

下面以单流程控制程序为例，进行 SFC 的工程创建。

(1)新建 SFC 程序，如图 2-1-9 所示。

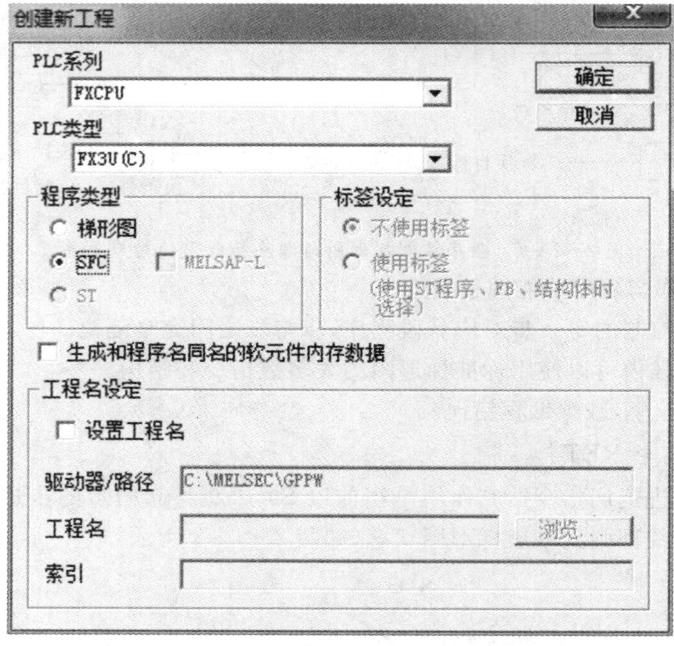

图 2-1-9　新建 SFC 程序

(2)双击 0 号黑色底纹初始栏，选择梯形图块模式，点击“执行”按钮，如图 2-1-10 所示。

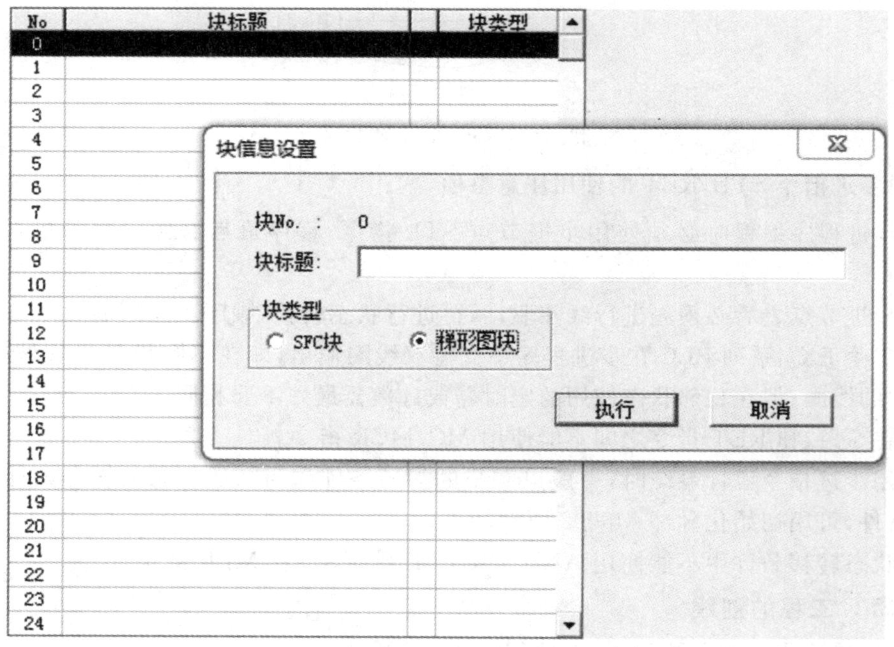

图 2-1-10　选择梯形图块模式

(3)点击 LD 方框,在编辑区用 SET 指令置位 S0 实现程序初始化,如图 2-1-11 所示。

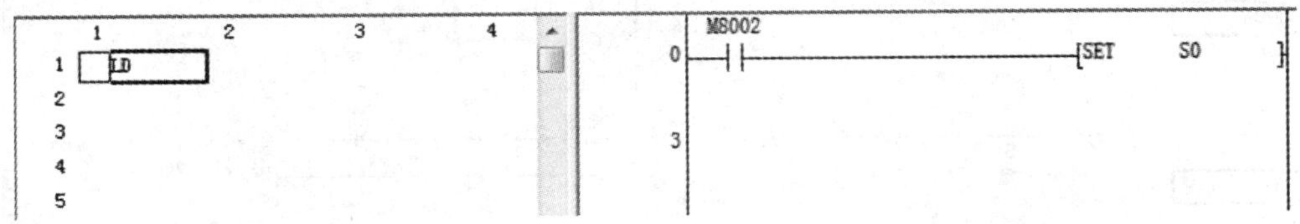

图 2-1-11 置位 S0

(4)返回工程数据列表,双击 MAIN,然后继续双击 1 号栏,选择 SFC 块编程模式,点击执行,如图 2-1-12 所示。

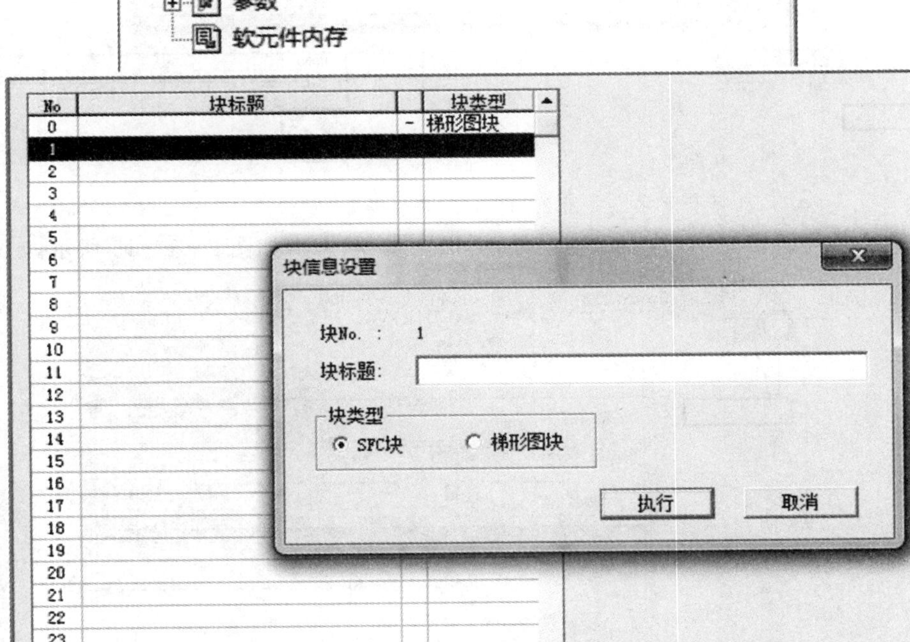

图 2-1-12 选择 SFC 块编程模式

(5)在第一个方框中编辑初始状态,复位 Y0、Y1。编译程序后,"?"会消失,如图 2-1-13 所示。

(6)在有向线段中,添加转换条件,此处启动的条件为按下启动按钮。利用转换指令 TRAN 完成条件设置,如图 2-1-14 所示。

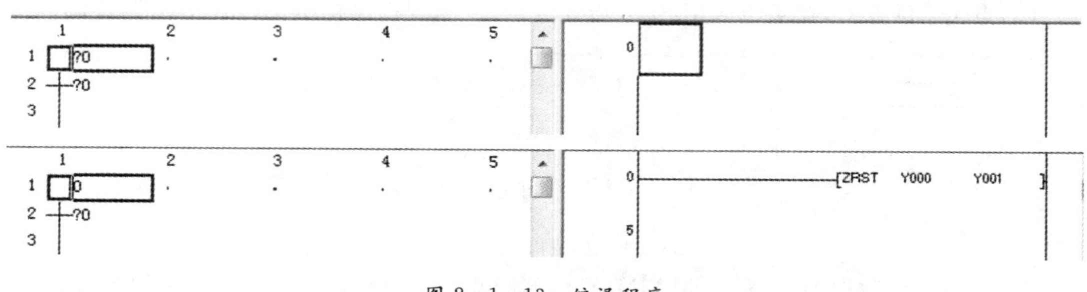

图 2-1-13 编译程序

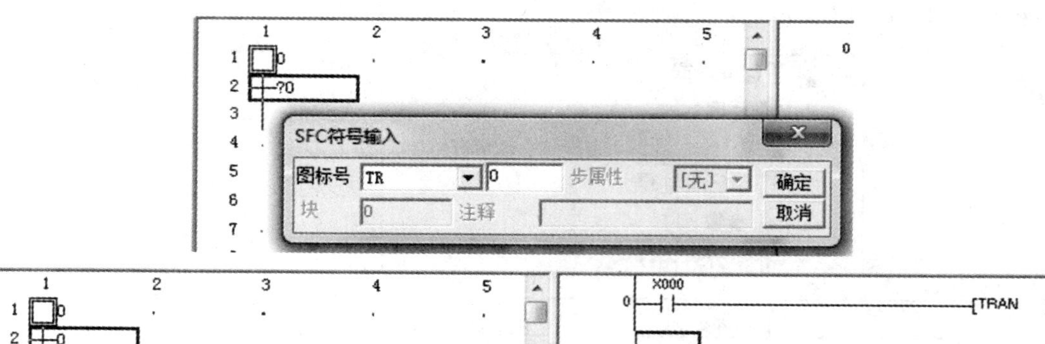

图 2-1-14 条件设置

(7)转换条件编辑完毕后,双击空白处,添加工步(状态),如图 2-1-15 所示。

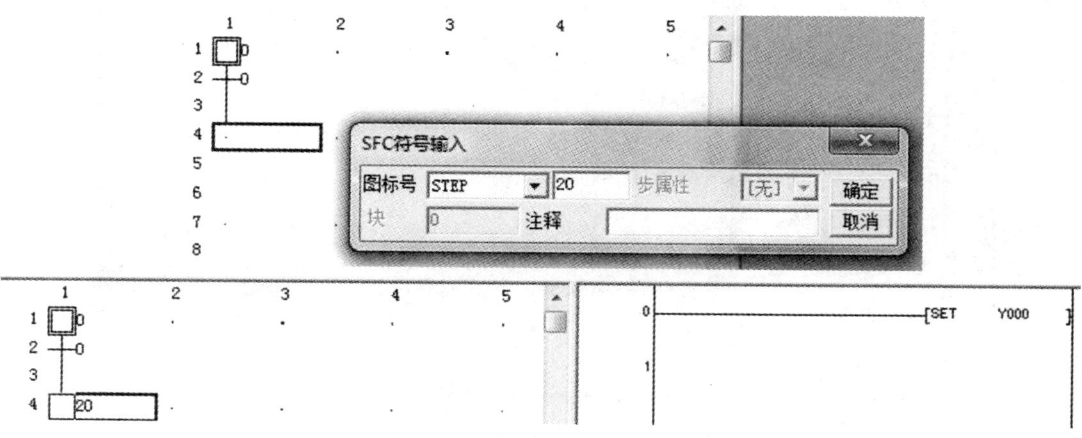

图 2-1-15 添加工步(状态)

(8)依据图 2-1-16 继续添加转换条件和状态,直至完成程序的编辑。

(9)程序尾端运用 JUMP 指令回到程序初始状态,如图 2-1-17 所示。

(10)编译程序,将程序更改为梯形图类型,检查程序,如图 2-1-18 所示。

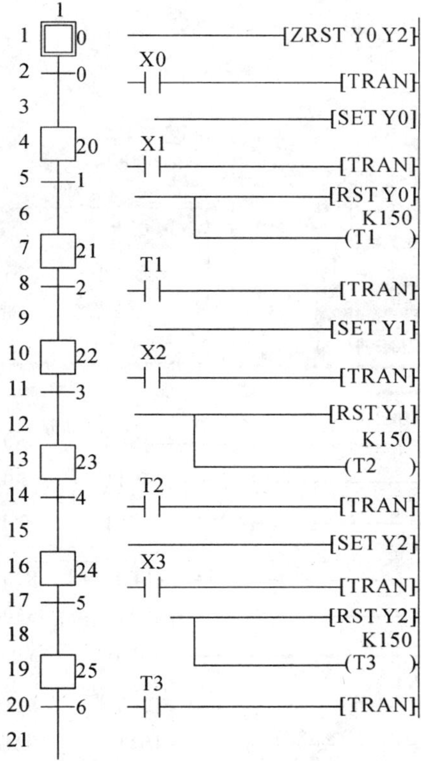

图 2-1-16　SFC 程序案例

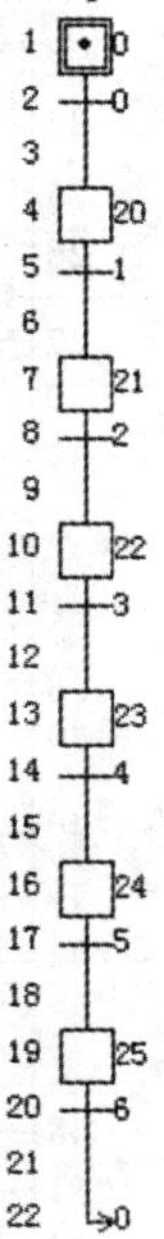

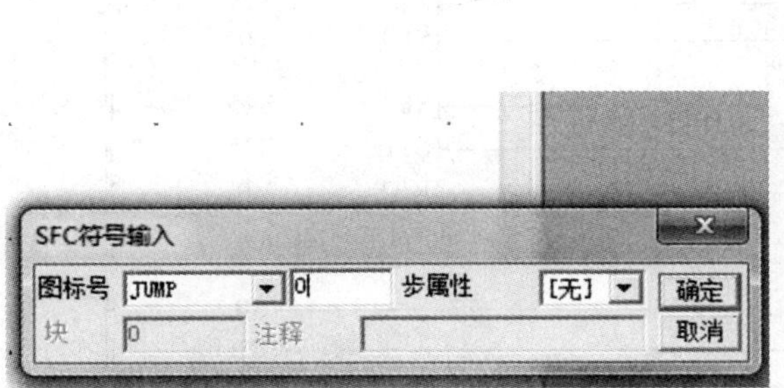

图 2-1-17　运用 JUMP 指令返回

SINGLE
程序
MAIN
软元件注
参数
软元件内
新建(N)...
复制(C)...
删除(D)...
改变数据名(R)...
改变程序类型(P)...
不排序(O)
数据名升序排列(A)
数据名降序排列(S)
SINGLE
程序
MAIN
改变程序类型
程序类型
梯形图
SFC
确定
取消

M8002
0 [SET S0]
3 [STL S0]
4 [ZRST Y0 Y1]
X0
9 [SET S20]
12 [STL S20]
13 [SET Y0]
X1
14 [SET S21]
17 [STL S21]
18 [RST Y0]
K150
(T1)
T1
22 [SET S22]
25 [STL S22]
26 [SET Y0]
X2
27 [SET S23]
30 [STL S23]
31 [RST Y0]
K150
(T2)
T2
35 [SET S24]
38 [STL S24]
39 [SET Y0]
X3
40 [SET S25]
43 [STL S25]
44 [RST Y0]
K150
(T3)
T3
48 (S0)
51 [RET]
52 [END]

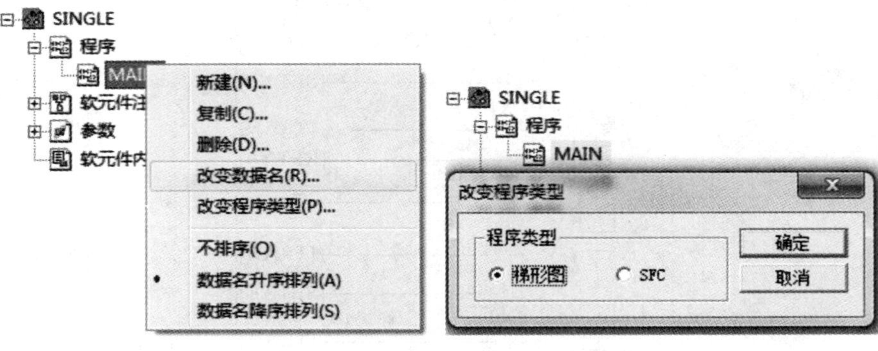

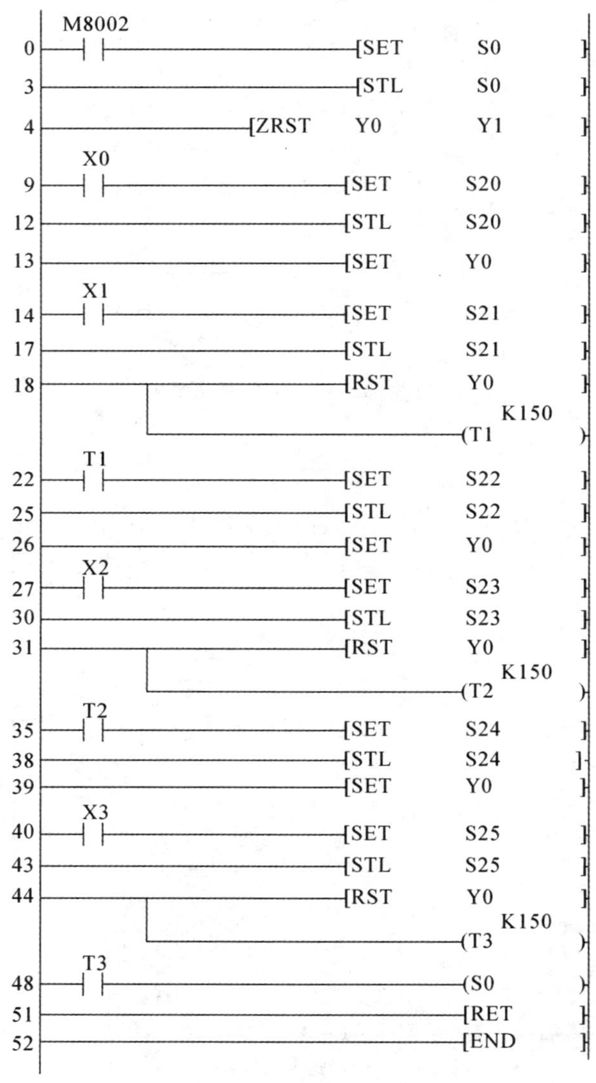

图 2-1-18 检查程序

习　题

一、填空题

1. SFC 中的状态可以分为____________和____________。

2. SFC 程序初始化通常用____________指令驱动 S0 状态。

3. SFC 中双线框代表____________。

4. 状态与状态之间的转换需要执行____________。

二、选择题

1. SFC 的中文含义是(　　)。

A. 顺序流程图　　B. 顺序功能图　　C. 程序流程图　　D. 工序流程图

2. 有向线段主要是用于(　　)。

A. 编写状态程序

B. 区分 SFC 各个状态的先后次序并引导程序执行方向

C. 实现状态之间的条件转换

D. 方便程序编辑美观、整洁

3. SFC 在三菱 PLC 中属于(　　)。

A. 编程指令　　B. 寄存器　　C. 编程语言　　D. I/O 点

4. STL 是(　　)指令。

A. 步进　　B. 初始化　　C. 功能　　D. 特殊

5. 单流程 SFC 控制程序，结尾通常用(　　)指令返回初始状态。

A. M8002　　B. STL　　C. JUMP　　D. MOVE

三、判断题

1. SFC 程序可以在 GX Developer 编程软件中转换成梯形图。　(　　)

2. 在 GX Developer 编程软件编辑 SFC 程序时，对不同的工步(状态)可以不考虑双线圈的干扰。　(　　)

3. SFC 中有向线段前后的两个状态可以同时激活。　(　　)

4. SFC 是三菱 PLC 中常见的一种编程语言。　(　　)

5. 编辑 SFC 时，无须用到梯形图。　(　　)

四、简答题

1. 简述状态步与步之间转换的条件。

2. SFC 具有哪些特点？

3. 状态元件有哪几种类型？

五、设计题

两台电动机交替顺序控制。电动机 M1 工作 10s 后停下来，紧接着电动机 M2 工作 5s 后停下来，然后再交替工作，反复运行 3 次，两台电动机自动停止运行。期间若按下停止按钮，电动机 M1、M2 全部停止运行。设计单流程顺序控制程序。

任务二　自动往返智能小车控制系统设计

任务导读

知识点	1. 了解循环步进程序的功能与作用
	2. 熟悉 SFC 中的“步”“状态”“有向连接”和“转移条件”的概念
技能点	1. 掌握软件 SFC 的编程方法和使用技巧
	2. 掌握循环步进程序设计方法，能够利用 SFC 编写控制程序
实训要求	1. 运用软件 GX Developer 编写 SFC 程序，并转换成梯形图下载到 PLC
	2. 按照 I/O 分配表和接线图进行自动往返智能小车控制系统的安装、调试、运行
学习思路	分解小车的运动过程，划分小车运动状态，根据每个状态建立 SFC
建议学时	12 学时

任务引入

某工厂需要加工一批产品，其车间设置有 3 个物料加工点，为了节省人工送料成本和时间，提升生产效率，工厂使用一辆智能小车帮助加工点运送产品物料。智能小车装载好物料后，依次前往各个加工点，小车每次遇到加工点的行程开关后停车一段时间，为加工点输送物料，输送时间结束后，继续向下一站点送料。小车自动送料控制系统示意图如图 2-2-1 所示。

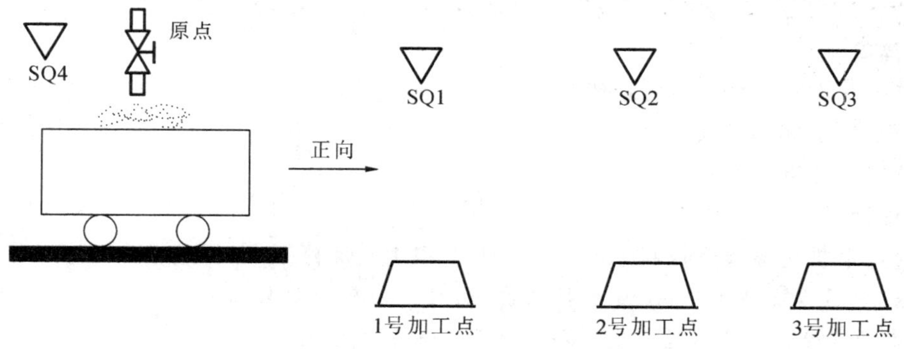

图 2-2-1　小车自动送料控制系统示意图

任务要求：

本次任务要求有如下7点：

(1)送料小车停靠在原点，处于待命状态，按下启动按钮SB1后，小车开始装料，20s后正向运行，依次向各个加工点送料。

(2)当小车到达1号加工点，撞到行程开关SQ1后，停车15s，等待加工点提取物料。

(3)在1号加工点提取物料完毕后，小车继续运行往2号加工点送料，撞到行程开关SQ2后，停车15s，等待加工点提取物料。

(4)在2号加工点提取物料完毕后，小车继续运行往3号加工点送料，撞到行程开关SQ3后，停车15s，等待加工点提取物料。

(5)在3号加工点提取物料完毕后，小车反向运行回原点。

(6)当开关SA1断开时，系统作单周期运行控制，即小车撞到行程开关SQ4停车后，在原点处于待命状态；当开关SA1闭合时，系统作连续运行控制，即小车撞到行程开关SQ4停车后，装料20s，重新为3个加工点输送物料，实现循环送料控制。

(7)按下停止按钮SB2，系统停止运行，小车返回原点。

任务分析

根据“任务要求”可知，小车的运行可以通过电动机正反转实现，各个加工点位置的检测由行程开关判断，开关SA1用于切换单周期和连续运行控制状态。系统运行过程分析如下：

初始状态，小车停在原点位置。

(1)按下启动按钮SB1时，小车在原点装料，用时20s。

(2)20s时间到，电动机启动正转，小车向1号加工点正向运行。

(3)小车撞到行程开关SQ1，电动机停止运行，小车停止在1号加工点，用时15s取料。

(4)15s时间到，电动机启动正转，小车向2号加工点正向运行。

(5)小车撞到行程开关SQ2，电动机停止运行，小车停止在2号加工点，用时15s取料。

(6)15s时间到，电动机启动正转，小车向3号加工点正向运行。

(7)小车撞到行程开关SQ3，电动机停止运行，小车停止在3号加工点，用时15s取料。

(8)15s时间到，电动机启动反转，小车向原点反向运行。

(9)小车撞到行程开关SQ4，电动机停止运行，小车停止在原点。

(10)小车在原点停止后，有两个转移条件，一是开关SA1断开时，小车停在原点处于待命状态，实现单周期运行控制；二是开关SA1闭合时，系统自动从第一阶段开始执行，实现连续运行控制。

单周期运行与连续运行只能执行一个，要注意两个转移条件的设置。小车单周期运行和连续运行送料流程图如图2-2-2所示。

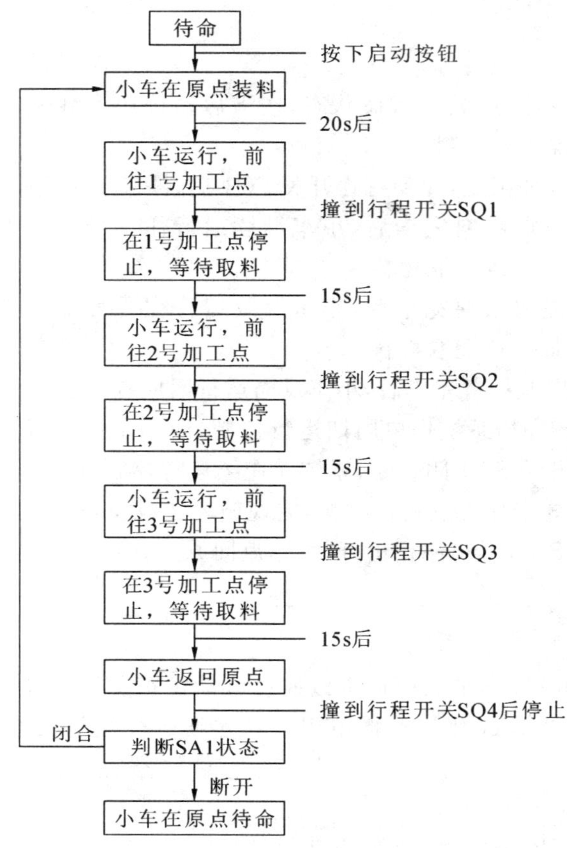

图 2-2-2　小车单周期运行和连续运行送料流程图

任务实施

(一)绘制 I/O 分配表

PLC 控制自动往返智能小车控制系统电路的 I/O 分配表参见表 2-2-1。

表 2-2-1　自动往返智能小车控制系统电路的 I/O 分配表

输入			输出		
元件	作用	PLC 输入点	元件	作用	PLC 输出点
SB1			KM1		
SB2			KM2		
SA1					
SQ1					
SQ2					
SQ3					
SQ4					

(二)绘制 I/O 接线图

请画出 FX_{3U} - 48MR/ES 型 PLC 控制自动往返智能小车控制系统的 I/O 接线图。

(三)系统安装

1. 元件器材

用 FX_{3U} - 48MR/ES 型 PLC 控制自动往返智能小车控制系统所需元件器材参见表2-2-2。

表 2-2-2 所需元件器材

序号	名称	型号规格	数量	单位	备注
1	计算机	装有 GX Developer 编程软件	1	台	
2	PLC	FX_{3U} - 48MR/ES	1	台	
3	安装板	600mm×900mm	1	块	
4	熔断器	RT28-32	7	只	
5	空气断路器	Multi9 C65N D20	1	只	
6	接触器	NC3-09/220	2	只	
7	热继电器	NR4-63(1-1.6A)	1	只	
8	三相异步电动机	JW6324-380V 250W 0.85A	1	台	
9	控制变压器	JBK3-100 380/220V	1	只	
10	按钮	LA4-3H	1	只	
11	开关	KCD11-2P	1	只	
12	行程开关	LX19-111	4	只	
13	导轨	C45	0.3	米	
14	端子	D-20	20	只	

续表 2-2-2

序号	名称	型号规格	数量	单位	备注
15	铜塑线	BV1/1.37mm²	10	米	主电路
16		BV1/1.13mm²	15	米	控制电路
17		BVR7/0.75mm²	10	米	
18	紧固件		若干	只	

2. 安装接线

按 FX_{3U}-48MR/ES 型 PLC 控制自动往返智能小车控制系统的完整接线图进行安装接线。要求写出接线要求与步骤。

(四)程序设计

(1)单周期运行是指程序的步进部分只运行__________次就回到__________状态停止待机,连续运行是指程序的步进部分可以__________地运行。单周期运行和连续运行的__________有两个:一是状态任务已经执行完毕,即小车在__________停车后;二是开关 SA1 的状态,即将 SA1 __________时,接通单周期运行控制,将 SA1 __________时,接通连续运行控制。SFC 是将整个系统的__________分成若干个工作状态(S),确定各个工作状态的控制功能、__________和__________,再按系统控制要求的顺序连成一个整体,以实现对系统的正确控制。在小车送料过程中,小车每一个动作都与对应__________相关,每一个状态图都相互独立,互不影响。小车最开始待命的状态称为__________状态,当小车运动到其他工步的状态称为__________状态。

(2)如图 2-2-3 所示为 PLC 控制自动往返智能小车控制系统的部分状态转移图程序,请将程序补充完整,并画出对应的梯形图程序。

2-2-3　自动往返智能小车控制系统的部分状态转移图程序

(3)根据梯形图程序写出对应的指令语句。

(五)系统调试

(1)将程序写入 PLC,并启动程序监控。

(2)打开软元件测试,模拟自动往返智能小车控制系统工作过程,观察程序运行是否符合任务要求。

(3)结合监控模式观察到的异常现象修改梯形图程序。

现象一:________________

修改方法:________________

现象二:________________

修改方法:________________

现象三:________________

修改方法:________________

(4)梯形图修改完毕,重新将程序写入 PLC,通电测试自动往返智能小车控制系统电路功能是否实现,根据故障现象检修电路。

故障一:________________

检修方法:________________

故障二:________________

检修方法:________________

故障三:________________

检修方法:________________

(5)故障检修完毕,重新通电测试,直至系统正常工作。

任务思考

1. 用 SFC 编程时,能否出现两个或两个以上的状态同时运行,为什么?

____

____

____

____

2. 为什么用 SFC 编程时 S0 步有个"?",却不影响程序执行?

____

____

____

____

3. 用 SFC 编程时需要用 RST 指令对各个状态进行复位吗？

拓展与延伸

(1)结合自动往返智能小车控制系统的“任务要求”，利用跳转指令 JUMP，在小车送料结束后，将状态转移至工步 2 状态，实现循环送料。小车送料 SFC 图解如图 2-2-4 所示。

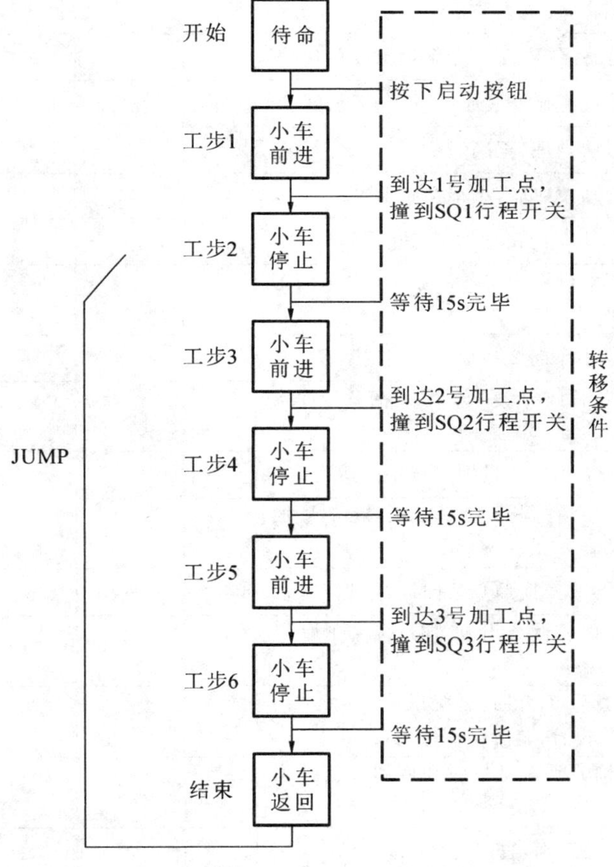

图 2-2-4 小车送料 SFC 图解

(2)在原任务基础上，添加紧急停止按钮，一旦按下紧急停止按钮，则无论小车工作在哪个工步，均需要返回原点，只有再次按下启动按钮，才继续工作。

任务评价

采用小组协作完成任务，根据任务完成情况填写表 2-2-3，完成考核评价。

表 2-2-3 评分标准

班别：		小组：	姓名：			
考核内容	考核标准	分值	小组自评 30%	小组互评 30%	教师评价 40%	得分
I/O 分配	1. I/O 分配表绘制合理、规范	3				
	2. I/O 接线图绘制规范、正确	5				
程序设计	1. SFC 编写正确	8				
	2. SFC 编译无误且能转换成 STL 梯形图	3				
程序输入	1. 指令输入熟练、正确	2				
	2. 程序编辑、传输方法正确	2				
系统安装调试	1. 系统电路接线完整、正确，有必要的保护	5				
	2. 安装接线遵循安装原则，符合工艺要求	5				
	3. 调试方法合理、正确	3				
	4. 按下启动按钮后，小车在原点停车 20s	3				
	5. 20s 后，小车向 1 号加工点正向运行	5				
	6. 小车撞到行程开关 SQ1 后，在 1 号加工点停车 15s	6				
	7. 15s 后，小车向 2 号加工点正向运行	5				
	8. 小车撞到行程开关 SQ2 后，在 2 号加工点停车 15s	5				
	9. 15s 后，小车向 3 号加工点正向运行	4				
	10. 小车撞到行程开关 SQ3 后，在 3 号加工点停车 15s	3				
	11. 15s 后，小车向原点反向运行	4				
	12. 小车撞到行程开关 SQ4 后，在原点停车	5				
	13. 开关 SA1 断开时，系统做单周期运行。开关 SA1 闭合时，系统做连续运行	5				
	14. 能正确分析常见故障和使用工具排除故障	2				
学习能力	1. 解答问题正确，思路清晰	5				
	2. 在规定时间内完成任务	2				
	3. 团结协作，学习积极主动	5				
职业素养	任务完成后，将实训导线及其他实训物品整理好，放回指定位置	5				
总分		100				

知识链接

一、SFC的跳转与循环

(一)跳转程序设计

SFC程序在执行过程中，经常会遇到返回与跳转的编辑问题，这是执行周期性循环所必需的。要在SFC程序中出现跳转符号，需要用JUMP指令加目标步状态号进行设计。返回与跳转的编辑如图2-2-5所示，将光标移到方向线的最下端空白处，双击鼠标左键或按键盘上的F8键，在弹出的对话框中，图标号选择JUMP，要跳转的目的地步序号填20，选择“确定”。

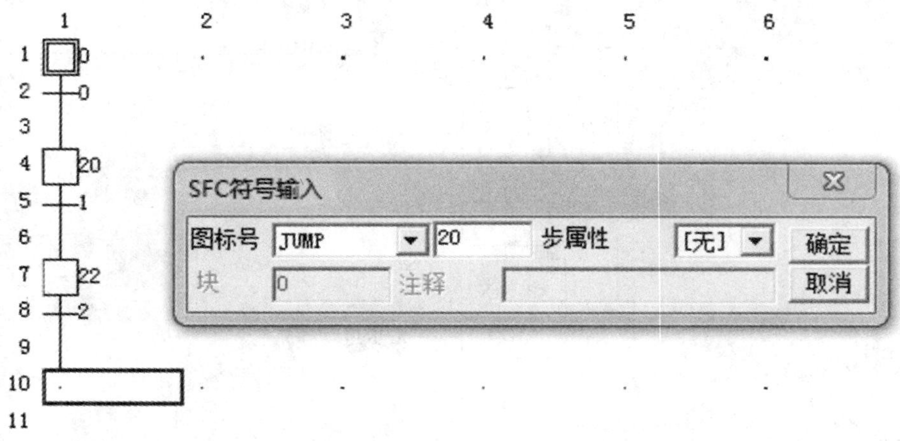

图2-2-5　返回与跳转的编辑

完成输入后，在SFC编辑区可以看到，步序号20的框图中多出一个小黑点，说明此工序步是跳转返回的目标步，如图2-2-6所示。

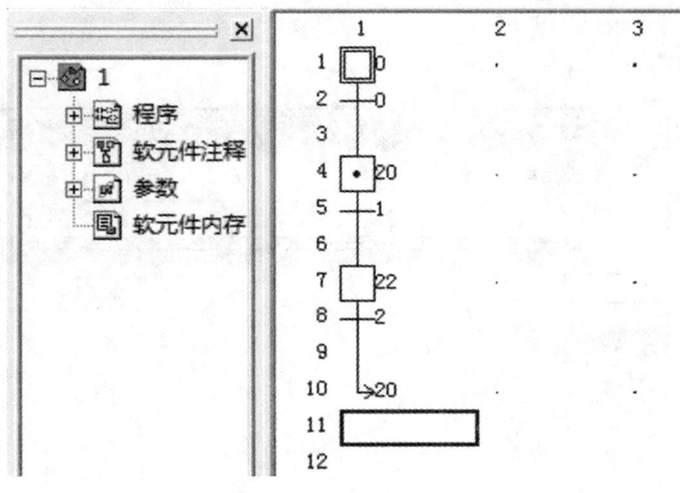

图2-2-6　目标步显示

(二)循环程序设计

从后面状态向前面状态转移的流程称为“循环”，使用循环流程可以实现一般的重复。循环程序结构如图 2-2-7 所示。

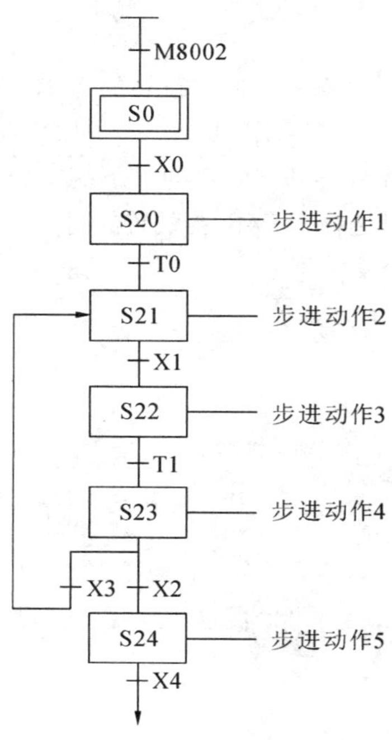

图 2-2-7　循环程序结构

循环程序的输入方法如图 2-2-8 所示。将光标选中最后一个转移条件，双击鼠标左键，在弹出的 SFC 符号输入对话框中将图标号改为“—D”，序号采用默认值 1，按下“确定”。在分支处继续编辑，将程序跳转至状态 S20。

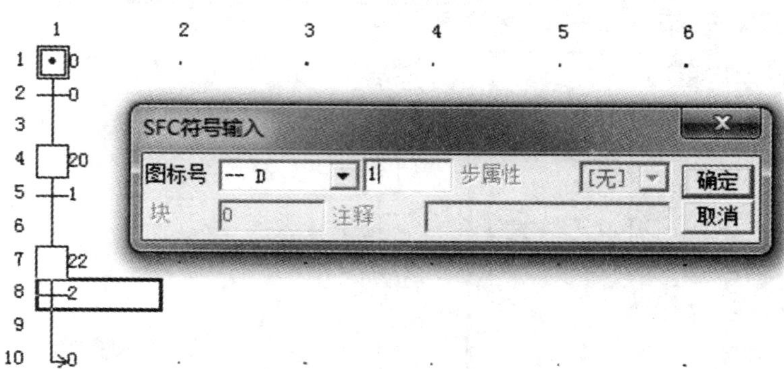

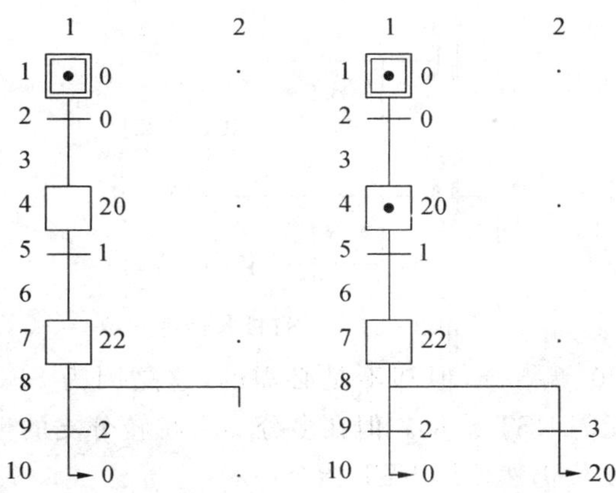

图 2-2-8 循环程序的输入方法

二、SFC 的编程规则

(1)编程要有三要素,即驱动负载、转移条件、转移目标。转移条件和转移目标缺一不可,驱动负载可视情况而定。

(2)顺序不能颠倒,必须先驱动负载,后状态转移。

(3)顺序不连续的转移用 OUT 指令代替 SET 指令。

(4)对状态的处理必须先使用步进接点指令 STL。

(5)程序最后必须使用步进返回指令 RET。

(6)允许双线圈不同时启动,相邻的状态使用的 T、C 不能相同。

(7)转移条件可以是多个元件的逻辑组合。

(8)SFC 程序内不可使用 MC、MCR 指令。

(9)初始状态一般用 M8002 驱动。

(10)停电恢复后需要继续的状态,用停电保持状态元件。

(11)分支、汇合的组合流程和虚拟状态的编程需根据具体情况,进行具体分析、具体处理。

三、SFC 的常见问题

(1)SFC 编程时 S0 步有个"?",却不影响程序执行。

不管是状态 S 还是转移条件,只要里面没有程序都会出现"?",S0 步里如果不涉及转移条件,即使 S0 没有内容也不会影响程序执行,比如转移条件是外部输入如 X0 等。

(2)S20、S22 触点无法输入。

很多 PLC 相关的书籍中都会出现如图 2-2-9 所示的图,并且直接作为 PLC 梯形图来说明,这是不正确的,因为它是画出来的,而不能通过编程软件来输入,它应该算是一种 STL 流程图。S20、S22 也不是触点,只是 STL 指令的替代符号,所以 S20、S21 无法通过软件输入。

(3)什么情况下使用 RST S0 指令?

我们在学习基本指令时,就已经知道了 SET 和 RST 指令是配套使用的。SFC 程序中

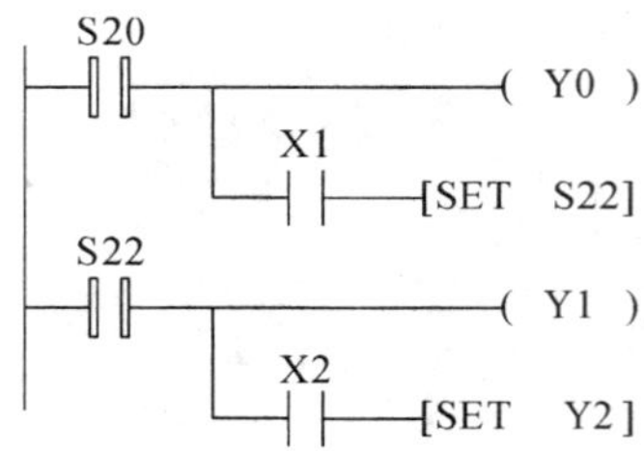

图 2-2-9 STL 流程图

可以有 SET S0、SET S20 等指令，但却不是必需的，这是因为 SFC 程序是通过返回指令 RET 实现复位的，所以无需 RST 复位。但在多分支及跳转分支的情形下，某跳转分支需用 OUT 指令(↳)，对状态复位仍然使用 RST 指令(▽)。

习 题

一、填空题

1. SFC 由________、________和________组成。

2. 步分为________和________。________步用双矩形框表示。

3. ________指令和________指令要配合使用，这是一对步进开始和结束指令。

4. STL 指令完成的是________功能，所以当后一个触点________时，前一个触点自动复位。

5. 当系统的控制顺序是________时，可以不标注箭头；若控制顺序是________时，必须标注箭头。

二、选择题

1. 状态图中的初始步表示初始状态，可以没有动作，用(　　)表示，工作步表示完成一个或多个动作，用(　　)表示。

A. 单线框，双线框　B. 单线框，单线框　C. 双线框，双线框　D. 双线框，单线框

2. 下列关于步的说法，错误的是(　　)。

A. 步分为初始步和工作步

B. 每一步中必须有一个或多个特定的动作

C. 初始步表示一个控制系统的初始状态

D. 一个控制系统必须有一个初始步

3. 画 SFC 时，下列说法错误的是(　　)。

A. 当系统的控制顺序从上到下时，不必标注箭头

B. 当系统的控制顺序从下到上时，必须标注箭头

C. 选择顺序的转移条件应放在两个双水平线以内

D. 并发顺序的转移条件应放在两个双水平线以外

4. 下列关于功能图的说法不正确的是(　　)。

A. 功能图由步、转移条件及有向线段组成

B. 初始步表示一个控制系统的初始状态

C. 步与步之间必须有转移条件

D. 初始步必须有具体要完成的动作

5. 下列不符合功能构成规则的是(　　)。

A. 画功能图时，要根据控制系统的具体要求，将控制系统的工作顺序分为若干步，并确定相应的动作

B. 步与步之间用有向线段连接

C. 找出步与步之间的转移条件

D. 确定初始步，用于表示顺序控制的初始状态，系统结束时一般不返回初始状态

三、判断题

1. 状态元件 S 是用于步进顺控编程的重要软元件，随状态动作的转移，原状态元件自动复位，只是状态元件的常开/常闭触点使用次数有所限制。(　　)

2. 在状态转移过程中，在一个扫描周期内会出现两个状态同时动作的可能性，因此两个状态中不允许同时动作的驱动元件之间进行联锁控制。(　　)

3. PLC 步进指令中的每个状态元件需具备驱动有关负载、指定转移目标、指定转移条件 3 个功能。(　　)

4. 用 PLC 步进指令编程时，先要分析控制过程，确定步进和转移条件，按规则画出状态转换图；再根据状态转换图画出梯形图；最后由梯形图制出程序表。(　　)

5. 当状态元件不用于步进顺控时，状态元件也可作为输出继电器用于程序当中。(　　)

6. 在步进接点后面的电路块中不允许使用主控或主控复位指令。(　　)

7. 由于步进接点指令具有主控和跳转作用，因此不必每一条 STL 指令后都加一条 RET 指令，只需在最后使用一条 RET 指令就可以了。(　　)

四、设计题

有一台制作咖啡的物料混合装置，制作一杯咖啡需要加入 4 种成分进行混合。按下启动按钮后，按以下顺序自动进行混合：

(1)热水阀打开，加热水 1s。

(2)加糖阀打开，加糖 2s，同时混合电动机启动 2s 后停止。

(3)牛奶阀打开，加牛奶 1s。

(4)咖啡阀打开，加咖啡 2s。

(5)混合电动机再混合 2s 后结束。

(6)在混合过程中按下启动按钮不起作用，要重新混合一杯咖啡必须在一个循环结束后才能进行。

试设计其步进控制程序，并画出状态转移图。

任务三　多种液体混合系统设计

任务导读

知识点	1. 进一步熟悉步进程序分析步骤
	2. 掌握步进功能图选择分支的使用方法
技能点	1. 能把任务书的要求按步分解并编写程序
	2. 正确接线并调试出本任务的功能
实训要求	1. 使用 GX Developer 软件编写多种液体混合系统设计的步进程序，并下载到 PLC
	2. 按照绘制好的 I/O 分配表和接线图进行多种液体混合系统设计的安装、调试、运行
学习思路	通过多种液体混合系统设计案例的学习，进一步熟悉步进程序的编写过程和技巧，通过模拟的多种液体混合装置，让学生了解多种液体混合系统的生产要求
建议学时	10 学时

任务引入

随着科学技术的不断发展，自动控制技术的应用越来越广泛，在化工、制药、饮料等行业中，多种液体的混合是必不可少的工序，也是生产过程中一个十分重要的环节，多种液体混合系统模型图如图 2-3-1 所示。

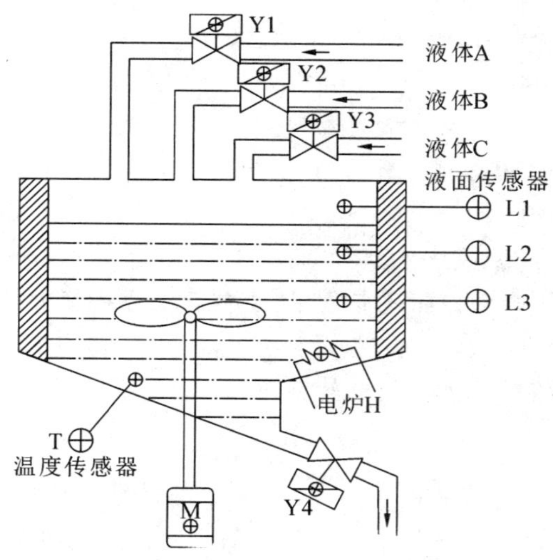

图 2-3-1　多种液体混合系统模型图

多种液体混合模拟装置如图 2-3-2 所示。

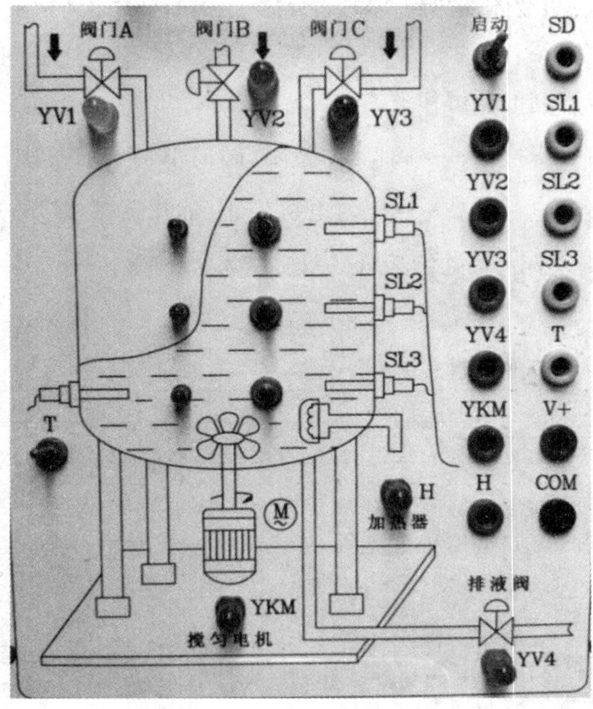

图 2-3-2 多种液体混合模拟装置

任务要求：

(1)拨动启动开关 SD，阀门 A 打开，液体 A 开始注入，当液体 A 上升到 SL3 高度时，传感器 SL3 动作，阀门 A 关闭，液体 A 停止注入。

(2)阀门 B 立即打开，液体 B 开始注入。当液体 B 上升到 SL2 高度时，传感器 SL2 动作，阀门 B 关闭，液体 B 停止注入。

(3)液体 B 停止注入后，阀门 C 打开，开始注入液体 C，当液面到达 SL1 高度时，传感器 SL1 动作，阀门 C 关闭。

(4)液体 C 停止注入后，搅匀电机 YKM 启动，混合搅拌液体 A、液体 B 和液体 C，搅拌时间为 15s。

(5)15s 后，加热器 T 开启，对混合装置的液体加热到 100℃。

(6)加热结束后，排液阀打开，液体开始放出，当液面高度下降到 SL3 后，再等待 5s，液体可全部放完，排液阀关闭。

(7)要求该装置能实现单周期运行与连续运行。

任务分析

在多种液体混合模拟装置中，阀门 A、阀门 B、阀门 C、加热器、搅匀电机、排液阀均使用 LED 指示灯代替，灯亮表示继电器得电，反之继电器不得电；3 个传感器(SL1～SL3)使用拨

动开关代替，拨动开关指示灯亮代表传感器闭合，水到位；使用拨动开关 T 表示加热温度是否达到，当开关闭合，说明液体加热到 100℃，反之说明液体没达到指定温度。

(一)完成分解任务

按控制顺序、完成下列的分解任务。

系统通电 —1→ 阀门 A 打开 —2→ 阀门 A 关闭、阀门 B 打开 —3→ 阀门 B 关闭、阀门 C 打开 —4→ 阀门 C 关闭、搅匀电机启动 —5→ 搅匀电机停止、加热器 T 打开 —6→ 加热器关闭、排液阀打开 —7→ 排液阀延时关闭 —8→ 连续运行

└—9→ 单周期运行。

根据控制流程，写出转换条件：

1.__________ 2.__________ 3.__________ 4.__________ 5.__________

6.__________ 7.__________ 8.__________ 9.__________

(二)归纳程序流程图

根据任务分解过程，可归纳出程序流程，如图 2-3-3 所示。

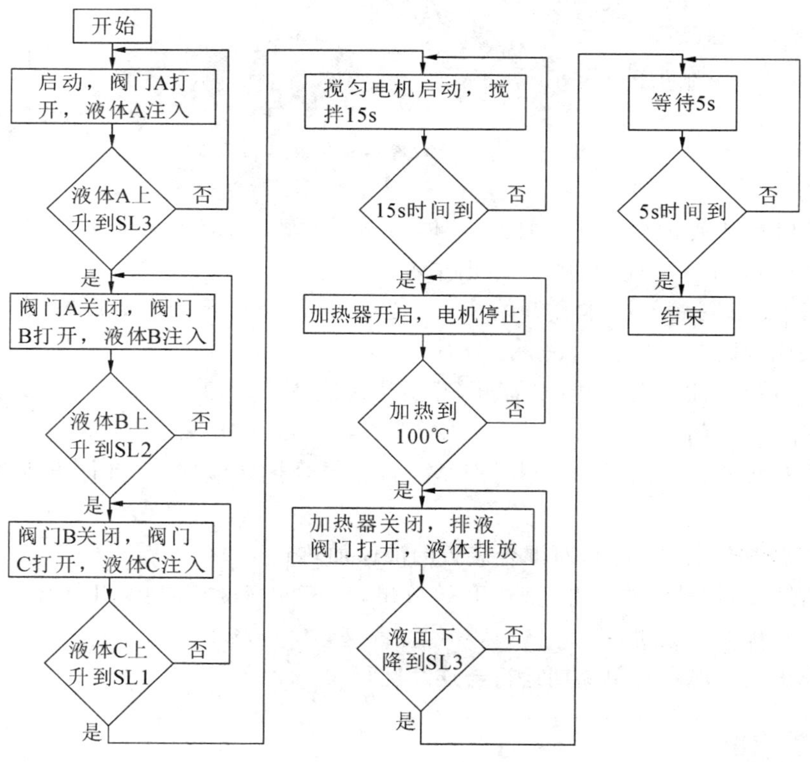

图 2-3-3　多种液体混合程序流程

任务实施

(一)绘制 I/O 分配表

多种液体混合系统的 I/O 分配表参见表 2-3-1。

表 2-3-1　多种液体混合系统的 I/O 分配表

输入			输出		
元件	作用	PLC 输入点	元件	作用	PLC 输出点
SD			YV1		
SL1			YV2		
SL2			YV3		
SL3			YV4		
T			YKM		
K0			H		

(二)绘制 I/O 接线图

请在下列方框中绘制出 FX_{3U}-48MR/ES 型 PLC 控制的多种液体混合系统的电路 I/O 接线图。

(三)系统安装

1. 元件器材

用 FX_{3U}-48MR/ES 型 PLC 实现多种液体混合系统所需元件器材参见表 2-3-2。

表 2-3-2　所需元件器材

序号	名称	型号规格	数量	单位	备注
1	计算机	装有 GX Developer 编程软件	1	台	
2	PLC	FX_{3U}-48MR/ES	1	台	

续表 2-3-2

序号	名称	型号规格	数量	单位	备注
3	安装板	600mm×900mm	1	块	
4	熔断器	RT28-32	7	只	
5	空气断路器	Multi9 C65N D20	1	只	
6	接触器	NC3-09/220	2	只	
7	热继电器	NR4-63(1-1.6A)	1	只	
8	三相异步电动机	JW6324-380V 250W 0.85A	1	只	
9	控制变压器	JBK3-100 380/220V	1	只	
10	拨动开关	12mm，两档	1	只	
11	温控器		1	只	
12	液位传感器	RS485	3	只	
13	电磁阀		4	只	
14	导轨	C45	0.3	米	
15	端子	D-20	20	只	
16	铜塑线	BV1/1.37mm²	10	米	主电路
17		BV1/1.13mm²	15	米	控制电路
18		BVR7/0.75mm²	10	米	
19	紧固件		若干	只	

2.接线

按图 2-3-2 所示的模拟板电路和 I/O 接线图进行系统接线。要求写出接线要求与步骤。

(四)程序设计

(1)由 I/O 接线图可知，输入元件 SD、SL1、SL2、SL3、T 分别连接 PLC 输入端的__________、__________、__________、__________、__________，阀门 A、阀门 B、阀门 C 以及搅匀电机、加热器、排液阀对应的 PLC 输出端是__________、__________、__________、__________、__________、__________。

(2)编写多种液体混合系统的 SFC 图。

(3)写出多种液体混合的 SFC 图转换的步进指令语句。

(五)系统调试

(1)将程序写入 PLC，并启动程序监控。

(2)通电测试，验证系统控制功能是否符合要求。

(3)结合监控模式观察到的异常现象修改梯形图程序。

现象一：____

修改方法：____

现象二：________

修改方法：________

现象三：________

修改方法：________

(4)梯形图修改完毕，重新将程序写入 PLC，通电测试多种液体混合系统设计系统电路功能是否实现，根据故障现象检修电路。

故障一：________

检修方法：________

故障二：________

检修方法：________

故障三：________

检修方法：________

(5)系统检修完毕，重新通电测试，直至系统正常工作。

任务思考

1. 为什么排液时，液位下降到 SL3 后还要延时 5s 才停止排液？

____

____

2. 连续运行和单周期运行在程序设计时有何不同？

____

____

3. 试想一下，当启动按钮断开，系统是否应该马上停止运行？应该如何处理？

____

____

4. 步进指令的结尾不写 RET 可以吗？会出现什么提示？

____

____

拓展与延伸

(1)在本任务的基础上，修改加热器的控制，使其加热 10s 后。进入下一步操作，其他控制要求不变。

(2)设置紧急停止按钮，按钮按下后，系统立即停止工作。当系统再次通电，从当前位置开始动作。

任务评价

采用小组协作完成的方式，根据任务完成情况填写表 2-3-4，完成考核评价。

表 2-3-4　评分标准

班别：	小组：		姓名：			
考核内容	考核标准	分值	小组自评 30%	小组互评 30%	教师评价 40%	得分
I/O 分配	1. I/O 分配表绘制合理、规范	3				
	2. I/O 接线图绘制规范、正确	3				
程序设计	1. 熟练使用 GX Developer 编程软件	2				
	2. 程序设计规范、正确，能实现系统控制功能	8				
程序输入	1. 指令输入熟练、正确	5				
	2. 程序编辑、传输方法正确	2				
系统安装调试	1. PLC 系统接线完整、正确，有必要的保护	5				
	2. 安装接线遵循安装原则、符合工艺要求	2				
	3. 调试方法合理、正确	3				
	4. 启动开关打开，3 种液体能正常按顺序加入	12				
	5. 3 种液体加入后，搅拌器开始工作，搅拌 15s	6				
	6. 加热器正常开启	6				
	7. 排液过程正确	10				
	8. 具有单周期和连续运行两种模式	8				
	9. 能正确分析常见故障和使用工具排除故障	5				
学习能力	1. 解答问题正确，思路清晰	5				
	2. 在规定时间内完成任务	5				
	3. 团结协作，学习积极主动	5				
职业素养	任务完成后，将实训导线及其他实训物品整理好，放回指定位置	5				
总分		100				

知识链接

一、基础知识

从两个或两个以上的多分支流程中，根据满足的条件选择其中的某一个分支流程执行的顺序功能流程，称之为选择性分支流程。在这种流程结构中，分支开始时需要对多个控制流程进行流程选择或者分支选择，即一个控制流可能转入多个可能的控制流中的一个，但不允许多路分支同时执行，进入哪一个分支，取决于哪个首先满足转移条件，但应注意在同一时刻，只允许一个转移条件被满足。

绘制选择性分支的 SFC 时，分支控制处转移条件应在分支线下方，且在同一时间只能有一个条件被满足，即流程执行具有唯一性。而在汇合控制处，转移条件应在汇合线的上方。分支和汇合处用单水平线表示，其基本结构和画法如图 2－3－4 所示。

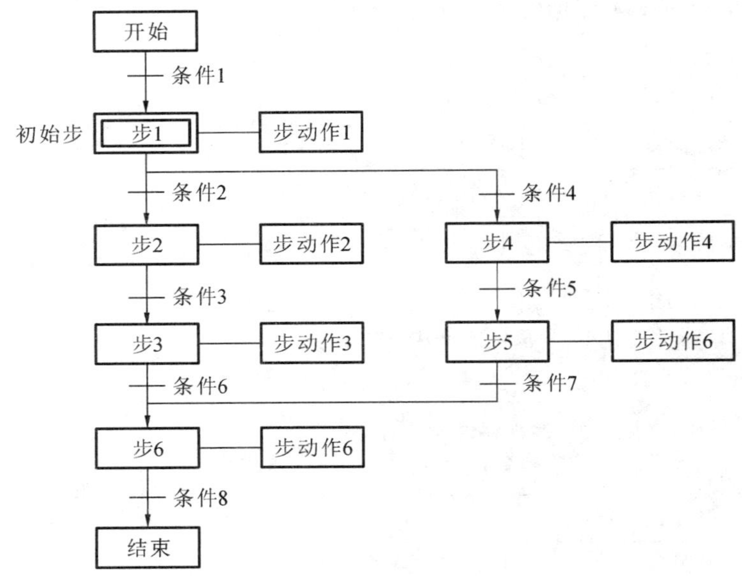

图 2－3－4　选择性分支基本结构和画法

程序执行到“步 1”时，继续执行哪一分支取决于满足“条件 2”还是“条件 4”，满足“条件 2”时执行左边分支，满足“条件 4”则执行右边分支。而“条件 2”和“条件 4 应保证不会同时满足。

二、选择性分支步进程序

选择性分支的编程除流程的分支与汇合外，大部分与单流程编程相同，程序要完成的动作仍旧在各个状态中完成。如图 2－3－5 所示为选择性分支状态转移图的一个例子。

选择性分支在初始状态 S0 中分支，在状态 S21 中通过条件 X4 和在状态 S23 中通过条件 X5 将流程汇合于状态 S24。X6 为状态 S24 跳转至 S0 的条件，以实现流程的循环执行。

1. 分支控制

在梯形图程序中，其分支控制是在 S0 中用条件 X0 转移到 S20，用条件 X1 转移到 S22，

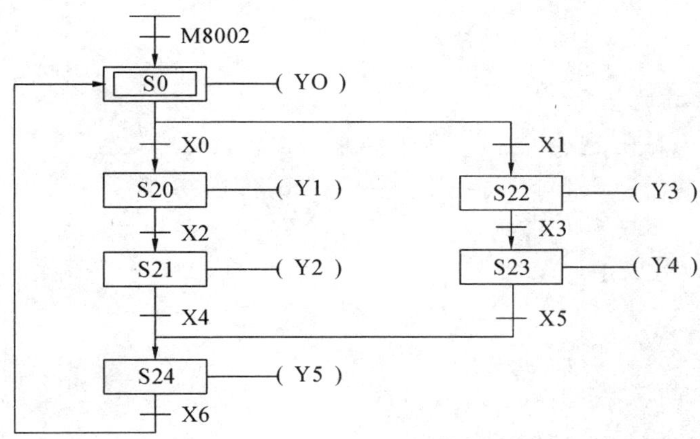

图 2-3-5　选择性分支状态转移图例

来实现选择性分支的分支控制的。

2. 汇合控制

选择分支中，由于各分支的不同执行，所以，其汇合与单流程控制一样，只需分别在分支流程的最后一个状态转移到汇合状态即可。在图 2-3-5 中的汇合控制只需在 S21 和 S23 中分别通过条件 X4、X5 转移到状态 S24 即可。

习　题

一、填空题

1. 本任务中，多种液体混合的水位传感器有__________个，分别是__________。

2. 本任务使用__________表示电磁阀 A、电磁阀 B、电磁阀 C 和排液阀。

3. PLC 的步进指令结尾用__________指令。

4. 编写 SFC 图之前，要分析任务并__________。

5. 多种液体混合系统中，添加液体的顺序__________（填"能"或"不能"）打乱。

6. 在步进指令工程中，使用__________初始化脉冲计划 S0 步。

7. 在多种液体混合任务中，电磁阀 A、电磁阀 B、电磁阀 C、排液阀、搅匀电机属于（填"输入"或"输出"）器件，水位传感器属于__________（填"输入"或"输出"）器件。

8. 指令 RST 表示__________；指令 RET 表示__________。

9. 多种液体混合系统，若实现单周期运行，则排液结束后应回到哪一步？__________

10. 多种液体混合系统的转换开关用于切换连续或单周期运行模式，那么这个开关能否用同一个？__________（填"能"或"不能"）

二、选择题

1. 设置 5s 的延时，以下选项哪个正确？（　　）

A. T1 K0.5　　B. T1 K5　　C. T1 K50　　D. T1 K500

2. 下列对 MC 或 MCR 说法正确的是（　　）。

A. 主控指令，一般放在梯形图中

B. 主控指令，不能放在步进程序中

C. 可以用作区间复位

D. PLC 没有这样的指令

3. 多种液体混合系统连续运行时，排液结束应该将执行步设置到(　　)。

A. S0　　B. 阀门 A 打开　　C. 阀门 B 打开　　D. 阀门 C 打开

4. 传感器的动作属于(　　)部分。

A. 某一工序　　B. 转换条件　　C. 以上说法都对

三、简答题

1. 单周期运行和连续运行的操作如何实现？

2. 绘制多种液体混合系统的 I/O 分配表。

3. 写出多种液体混合系统的控制程序。

四、设计题

在本任务的基础上，添加清罐的步骤，在每一次液体 A 加入之前进行清罐，时间为 1min。

任务四　智能交通灯控制系统设计

任务导读

知识点	1. 掌握用时序图分析交通灯运行过程的方法
	2. 掌握步进指令的并行分支状态设计方法
技能点	1. 能正确使用并行分支编写程序
	2. 正确接线并调试出本任务的功能
实训要求	1. 使用 GX Developer 软件编写智能交通灯系统设计的步进程序，并下载到 PLC
	2. 按照绘制好的 I/O 分配表和接线图进行智能交通灯系统设计的安装、调试、运行
学习思路	通过对智能交通灯的时序图分析交通灯 4 个方向不同时间的状态，进一步得出控制过程，使用步进指令编写交通灯程序，让学生掌握并行分支的使用方法
建议学时	10 学时

任务引入

在城市的十字路口，交通灯扮演着重要的角色，一个十字路口通常包括东、南、西、北 4

个方向。若路口只设直行灯，当东西方向通车时，南北方向车辆禁止通行；当南北方向通车时，东西方向车辆禁止通行。假如你是工程师，你会如何设计十字路口的交通灯？十字路口交通灯模型图如图 2-4-1 所示。

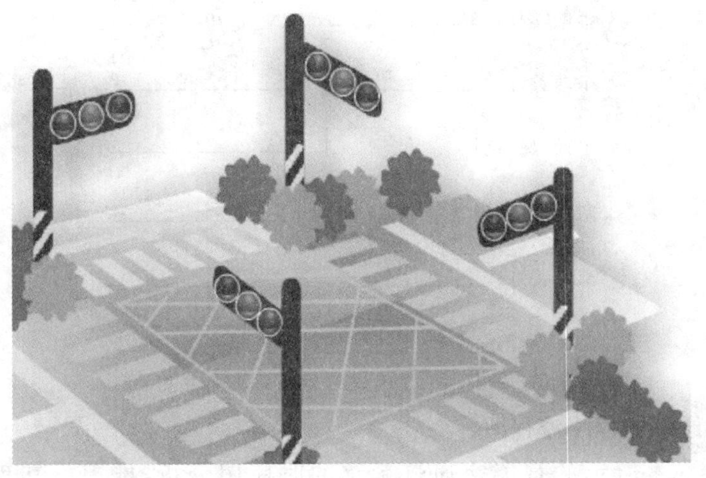

图 2-4-1　十字路口交通灯模型图

任务要求：

本任务要求设计十字路口交通灯控制系统。

十字路口交通灯工作流程如图 2-4-2 所示。

东西绿灯、南北红灯亮60s
东西黄灯、南北红灯亮10s
东西红灯、南北绿灯亮60s
东西红灯、南北黄灯亮10s

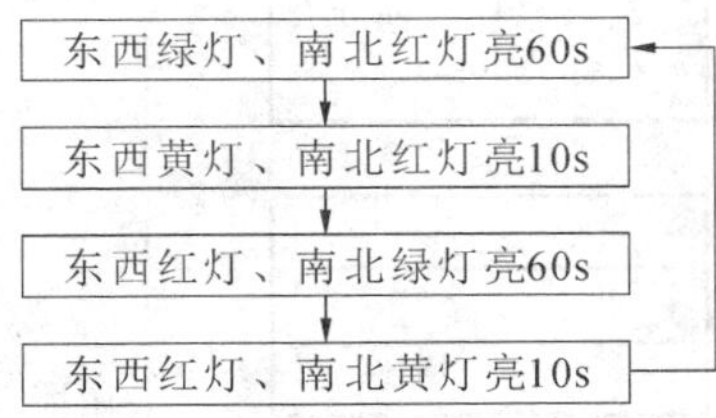

图 2-4-2　十字路口交通灯工作流程

任务分析

(一)智能交通灯的状态分析(图 2-4-3)

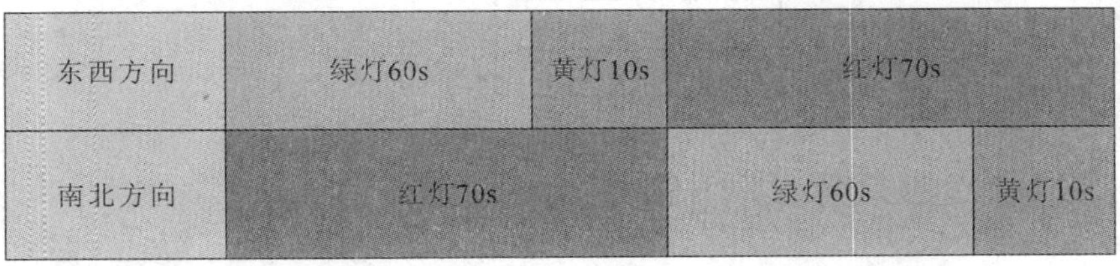

东西方向
绿灯60s
黄灯10s
红灯70s
南北方向
红灯70s
绿灯60s
黄灯10s

图 2-4-3　智能交通灯的状态分析

(二)智能交通灯系统的时序图(图 2-4-4)

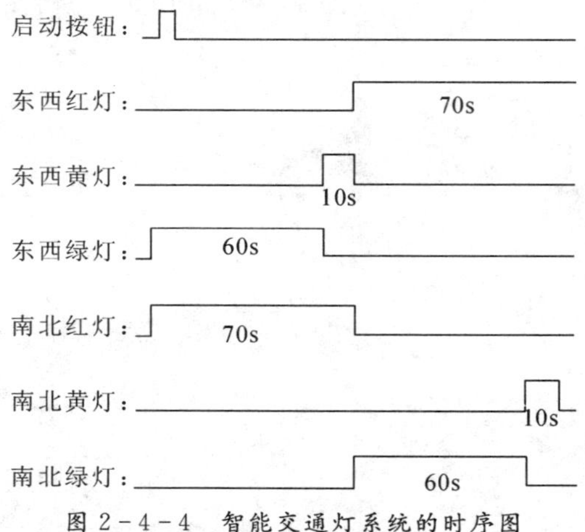

图 2-4-4 智能交通灯系统的时序图

(三)智能交通灯的程序流程图

根据图 2-4-4 所示的智能交通灯系统的时序图分析，推理出其程序流程图如图 2-4-5所示，请将其补充完整。

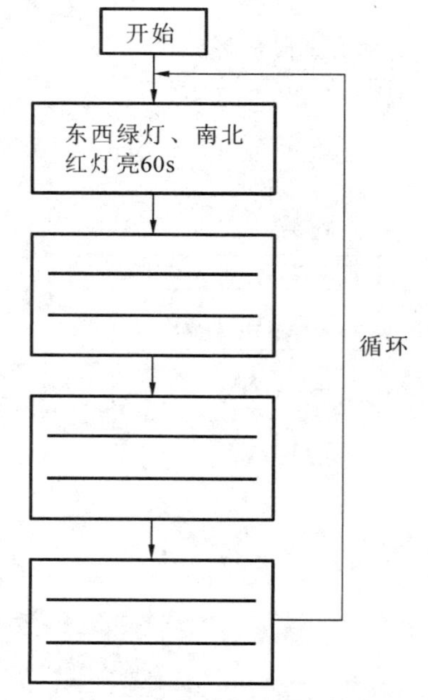

图 2-4-5 智能交通灯的程序流程图

任务实施

(一)绘制 I/O 分配表

智能交通灯控制系统的 I/O 分配表参见表 2-4-1。

表 2-4-1　智能交通灯控制系统的 I/O 分配表

输入			输出		
元件	作用	PLC 输入点	元件	作用	PLC 输出点
启动按钮			东西绿灯		
停止按钮			东西黄灯		
			东西红灯		
			南北绿灯		
			南北黄灯		
			南北红灯		

(二)绘制 I/O 接线图

请在下列方框中绘制出 FX_{3U}-48MR/ES 型 PLC 控制的智能交通灯控制系统的电路 I/O接线图。

(三)系统安装

1. 元件器材

用 FX_{3U}-48MR/ES 型 PLC 实现智能交通灯控制系统，所需元件器材参见表 2-4-2。

表 2-4-2　所需元件器材

序号	名称	型号规格	数量	单位	备注
1	计算机	装有 GX Developer 编程软件	1	台	
2	PLC	FX_{3U}-48MR/ES	1	台	
3	安装板	600mm×900mm	1	块	
4	熔断器	RT28-32	7	只	

续表 2-4-2

序号	名称	型号规格	数量	单位	备注
5	空气断路器	Multi9 C65N D20	1	只	
6	红色指示灯	XB2-BVB3C 24V	4	只	
7	黄色指示灯	XB2-BVB3C 24V	4	只	
8	绿色指示灯	XB2-BVB3C 24V	4	只	
9	按钮	LA4-3H	1	只	
10	三极管	9015	12	只	
11	导轨	C45	0.3	米	
12	端子	D-20	20	只	
13	铜塑线	BV1/1.37mm^2	10	米	主电路
14		BV1/1.13mm^2	15	米	控制电路
15		BVR7/0.75mm^2	10	米	
16	紧固件		若干	只	

2. 接线

按 I/O 接线图进行系统接线。要求写出接线要求与步骤。

(四)程序设计

(1)由 I/O 接线图可知，输入元件启动按钮连接 PLC 输入端的__________，东西红灯、东西绿灯、东西黄灯、南北红灯、南北绿灯、南北黄灯对应的 PLC 输出端是__________、__________、__________、__________、__________、__________。

(2)编写智能交通灯系统的 SFC 图。

(3)写出智能交通灯系统 SFC 图转换的步进指令语句。

(五)系统调试

(1)将程序写入 PLC,并启动程序监控。

(2)通电测试,验证系统控制功能是否符合要求。

(3)结合监控模式观察到的异常现象修改梯形图程序。

现象一:______

修改方法:______

现象二:______

修改方法:______

现象三：________________

修改方法：________________

(4)梯形图修改完毕，重新将程序写入 PLC，通电，观察智能交通灯系统设计系统电路功能是否实现，根据故障现象检修电路。

故障一：________________

检修方法：________________

故障二：________________

检修方法：________________

故障三：________________

检修方法：________________

(5)系统检修完毕，重新通电测试，直至系统正常工作。

任务思考

1. 在本任务的时序图中，灯的亮、灭和高、低电平是如何对应的？

____

____

2. 交通灯中的绿灯、红灯、黄灯分别代表什么含义？

____

____

3. 若黄灯要设置 1s 闪烁，方法有哪些？

____

____

4. 若 PLC 的驱动电流不够，如何设置驱动交通信号灯？

____

____

拓展与延伸

(1)在本任务的基础上，设计东西、南北方向的黄灯为闪烁状态，频率为 1Hz。

(2)根据实际车流量检测，设计循环周期为 90s，东西方向需要 70s 通车(绿灯 67s，黄灯 3s)，南北方向设计为 20s 通车(绿灯 17s，黄灯 3s)的智能交通灯系统。

任务评价

采用小组协作完成的方式，根据任务完成情况填写表 2-4-3，完成考核评价。

表 2-4-3　评分标准

班别：		小组：	姓名：			
考核内容	考核标准	分值	小组自评 30%	小组互评 30%	教师评价 40%	得分
I/O 分配	1. I/O 分配表绘制合理、规范	5				
	2. I/O 接线图绘制规范、正确	5				
程序设计	1. 熟练使用 GX Developer 编程软件	5				
	2. 程序设计规范、正确，能实现系统控制功能	10				
程序输入	1. 指令输入熟练、正确	5				
	2. 程序编辑、传输方法正确	5				
系统安装调试	1. PLC 系统接线完整、正确，有必要的保护	5				
	2. 安装接线遵循安装原则、符合工艺要求	2				
	3. 调试方法合理、正确	3				
	4. 东西红灯、南北绿灯设置正确	5				
	5. 东西红灯、南北黄灯设置正确	5				
	6. 东西绿灯、南北红灯设置正确	5				
	7. 东西黄灯、南北红灯设置正确	5				
	8. 交通灯可以正常启动，并循环操作	5				
	9. 能正确分析常见故障和使用工具排除故障	5				
学习能力	1. 解答问题正确，思路清晰	10				
	2. 在规定时间内完成任务	5				
	3. 团结协作，学习积极主动	5				
职业素养	任务完成后，将实训导线及其他实训物品整理好，放回指定位置	5				
总分		100				

知识链接

一、基础知识

当转移条件满足时，同时并行处理两个或两个以上的多分支流程，称为并行性分支流程。在这种流程结构中，当一个控制流分成多个控制流即分支时，所有的控制流必须同时激活。在分支汇合时，所有的分支控制流都必须完成后，才能转入汇合状态。若某一流程先完

成，则该控制流应处于等待状态，直到其他流程全部执行完毕后，方能汇合并一同转入下一状态。注意在并行性分支处，转移条件在分支线的上方，而在汇合处，转移条件在汇合线的下方。分支处与汇合处分别用双水平线表示。并行分支基本结构和画法如图 2-4-6 所示。

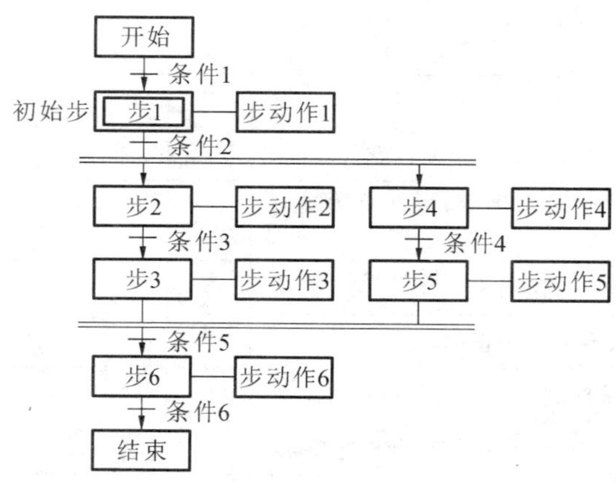

图 2-4-6　并行分支基本结构和画法

二、并行分支步进程序

步进程序结构的不同主要在于分支和汇合，和选择性分支相比，选择性分支的各个分支可以执行，而并行分支只有一个转移条件，同时转向各个分支的首状态，完成各分支状态的启动。汇合时选择性分支各个分支都有各自的转移条件，互不相干；而并行分支只有一个转移条件，且只有所有分支全部执行完毕才能同时进行转移。如图 2-4-7 为并行分支状态转移图的一个示例。

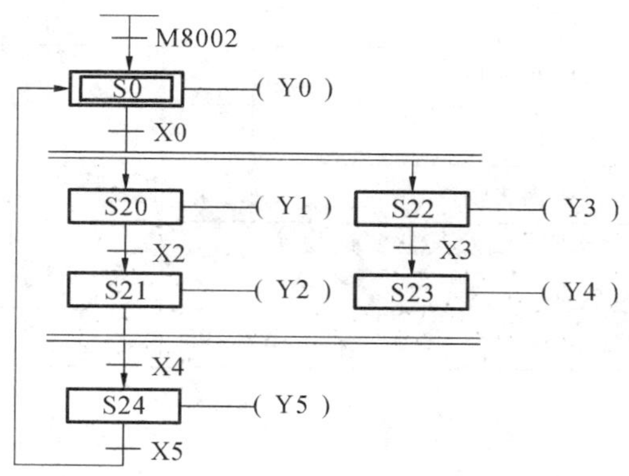

图 2-4-7　并行分支状态转移图

由图 2-4-7 可以看出，并行分支在初始状态 S0 中由条件 X0 分支，在状态 S21 和状态 S23 中通过条件 X4 将流程汇合于状态 S24。X5 为状态 S24 跳转至 S0 的条件，以实现流程的循环执行。

(一)分支控制

如图2-4-7所示，在初始状态S0中，若满足转移条件X0为ON时，则程序流程立即同时转移到S20和S22，因而，分支控制是在状态S0中进行的。

(二)汇合控制

由于并行分支的汇合必须在各个流程执行结束时进行，所以在图中分支的汇合需在S21和S23都激活后才能继续执行。

习　题

一、填空题

1. 智能交通灯的系统中，使用的红灯、黄灯、绿灯数量分别是____________。
2. 若东西方向绿灯亮30s，黄灯亮10s，那么南北方向的红灯为____________s。
3. PLC步进指令的结尾用____________指令。
4. 交通灯最早是什么时候在哪里诞生的？________________________。
5. 交通灯使用红、绿、黄3种颜色的原因是________________________。
6. 哪些路口需要安装交通灯？________________________。
7. 想要交通灯可视化更强，可以安装____________使其显示倒计时。
8. 用并行分支状态转移图编写交通灯程序的优点是________________________。
9. 在一字路口，为了方便行人过马路观看信号灯，还应在斑马线附近安装____________个交通信号灯。
10. 用PLC设计智能交通灯的优点是________________________。

二、选择题

1. 在并行分支中，当满足某一条件，可以执行多少个分支？(　　)

A. 1个　　B. 2个
C. 3个　　D. 若干个

2. 在交通灯系统实训任务中，灯使用的电压为(　　)。

A. +5V　　B. +12V
C. +24V　　D. ～220V

3. 并行分支的快捷键是(　　)。

A. F6　　B. F7
C. F8　　D. F9

4. 并行分支的分支点和汇合点是什么线？(　　)

A. 单实线　　B. 双实线
C. 单虚线　　D. 双虚线

5. 在状态转移图中，⊡22符号表示的是(　　)。

A. 表示有跳转到S22步　　B. 表示有跳转到S20步
C. 表示有循环　　D. 不存在这种情况

三、简答题

1. 简述智能交通灯系统的设计步骤？

2. 绘制智能交通灯系统的 I/O 分配表。

3. M8012、M8013、M8014 分别代表什么意思？

四、设计题

1. 在本任务的基础上，增设东西、南北方向左转信号灯，要求每次左转信号灯亮 15s 后变为左转红灯，此时直行信号绿灯再亮。

2. 假如交通灯系统东西、南北方向只有红灯和绿灯，且要求东西绿灯、南北红灯亮 30s，东西红灯、南北绿灯亮 30s 后循环，请使用最简便的方法实现。

项目三

设计性实训项目

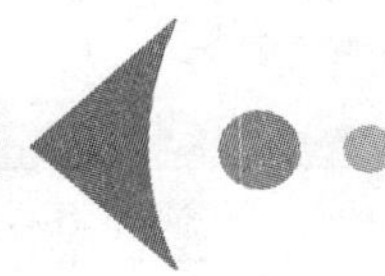

项目导读

在项目一“验证性实训项目”和项目二“顺序性实训项目”中，我们对 PLC 的梯形图设计和 SFC 设计有了一定的了解。本项目通过前面所学的 PLC 的基础知识及技能实训工作技巧，通过智能洗衣机控制系统设计、小型灯光秀控制系统设计、袋式除尘器系统设计实践，促进学生掌握 PLC 控制系统设计的过程、设计要求、设计标准、设计内容和具体设计方法，培养学生全面分析及考虑问题的能力，同时提高学生的创新设计能力。

工作任务

1. 智能洗衣机控制系统设计。
2. 小型灯光秀控制系统设计。
3. 袋式除尘器系统设计。

学习目标

1. 熟练应用 PLC 程序基本操作及调试应用技巧。
2. 提高学生解决实际工程技术问题的能力。
3. 提升学生的语言表达能力和查阅文献能力。
4. 让学生学会创新设计，培养学生创新思维能力。

建议学时

34 学时。

任务一　智能洗衣机控制系统设计

任务导读

知识点	1. FX_{3U}系列 PLC 的定时器、计数器指令综合应用方法
	2. FX_{3U}系列 PLC 的比较指令的基本格式与使用方法
技能点	1. 理解智能洗衣机控制系统运行原理
	2. 掌握智能洗衣机控制系统的编程方法
	3. 能够绘制智能洗衣机控制系统的 I/O 接线图，并能对该系统安装、调试、检修和完善
实训要求	1. 运用软件 GX Developer 编写智能洗衣机控制系统程序，并下载到 PLC
	2. 按照绘制好的 I/O 分配表和接线图进行智能洗衣机控制系统的安装、调试、运行
学习思路	通过对智能洗衣机控制系统设计案例的学习，熟悉 PLC 的顺序流程图和相关功能指令，从而掌握 GX Developer SFC 编程的使用方法，系统安装、调试技巧
建议学时	10 学时

任务引入

现有一台智能洗衣机，原有电气控制系统采用单片机实现，系统使用多年加上现场环境温度较高，导致系统故障率高，增加了使用成本，现拟采用 PLC 搭建控制系统来替代原有控制系统，请你完成一套模拟系统的设计、安装和调试。智能洗衣机外观和核心系统如图 3-1-1 所示。

图 3-1-1　智能洗衣机的外观和核心系统

任务要求：

接通电源系统处于初始状态，做好启动前准备工作：

(1)按下启动按钮，系统开始进水，水满(即水位到达高水位)时停止进水并开始正转洗涤。

(2)正洗 15s 后暂停，暂停 3s 后开始反转洗涤，反洗 15s 后暂停。

(3)暂停 3s 后，若正、反洗未满 3 次，则返回正洗开始的动作；若正、反洗达到 3 次时，则开始排水。

(4)水位下降到低水位时开始脱水并继续排水，脱水 10s 即完成从进水到排水的一个大循环过程。

(5)若未完成 3 次大循环，则返回从进水开始的全部动作，进行下一次大循环；若完成了 3 次大循环，则进行洗完报警。

(6)报警器采用蜂鸣器按间隔 1s 发出声音的方式报警，报警 10s 后结束全部过程，自动停机。

(7)若在洗衣机正反洗衣循环运行时按下停止按钮，则实现立刻停止进水(若正在进水时)和洗涤动作，并自动排水、脱水及报警；若按下停止按钮时正处于排水、脱水状态，则继续执行当前动作，动作完成后不再循环并报警。

任务分析

智能洗衣机结构示意图如图 3-1-2 所示，洗衣机的进水和出水由进水电磁阀和出水电磁阀控制。进水时，洗衣机将水注入外桶；排水时，将水从外桶排出机外。外桶和内桶是以同一中心安装的。

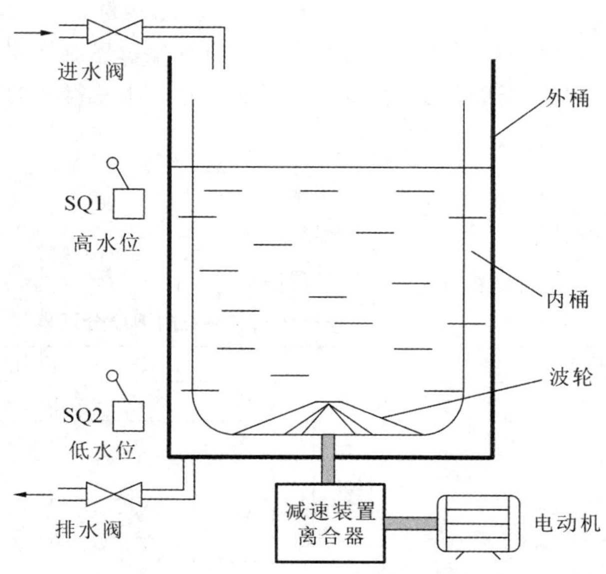

图 3-1-2 智能洗衣机结构示意图

洗涤和脱水由同一台电动机拖动，通过脱水电磁离合器来控制，将动力传递到洗涤波轮或内桶。脱水电磁离合器失电，电动机拖动洗涤波轮实现正、反转，开始洗涤；脱水电磁离合

器得电，电动机拖动内桶单向旋转，进行脱水（此时波轮不转）。

根据控制要求可画出智能洗衣机控制系统动作流程图，如图 3-1-3 所示。由流程图可以看出该系统是一个典型的顺序控制，其中包括正、反洗循环和整个动作的大循环，编程实现两个循环的控制程序是整个程序设计的关键。

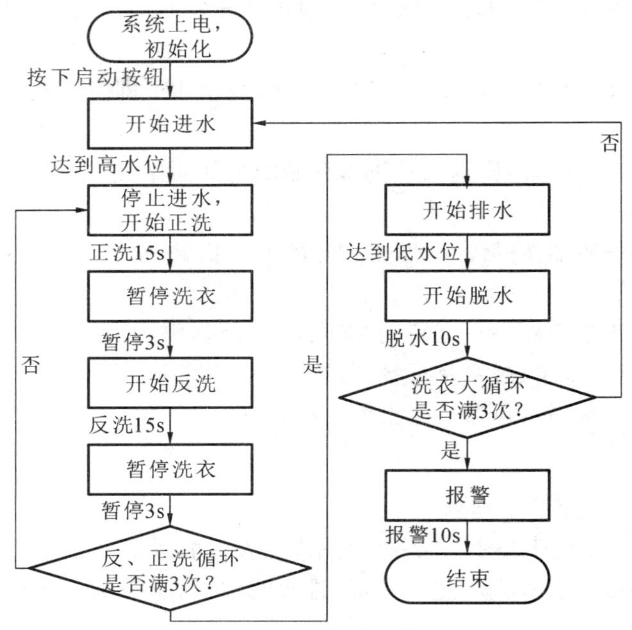

图 3-1-3　洗衣机控制系统动作流程图

分析整个控制要求，该控制任务可用常规的步进指令编辑思维来实现，但使用另一种较为简单的顺序控制的方法，并通过比较指令做出是否应进入下一循环的判断更为简单。

(一)绘制 I/O 分配表

PLC 控制智能洗衣机系统的 I/O 分配表参见表 3-1-1。

表 3-1-1　PLC 控制智能洗衣机系统的 I/O 分配表

输入			输出		
元件	作用	PLC 输入点	元件	作用	PLC 输出点
SB1			KM1		
SQ1			KM2		
SQ2			KA1		
			KA2		
			KA3		
			KA4		

(二)绘制 I/O 接线图

请在下列方框中绘制出 FX_{3U} - 48MR/ES 型 PLC 控制的智能洗衣机系统控制电路的 I/O接线图。

(三)系统安装

1. 元件器材

用 FX_{3U} - 48MR/ES 型 PLC 实现智能洗衣机控制系统所需元件器材参见表 3 - 1 - 2。

表 3 - 1 - 2　所需元件器材

序号	名称	型号规格	数量	单位	备注
1	计算机	装有 GX Developer 编程软件	1	台	
2	PLC	FX_{3U} - 48MR/ES	1	台	
3	安装板	600mm×900mm	1	块	
4	熔断器	RT28 - 32	7	只	
5	空气断路器	Multi9 C65N D20	1	只	
6	接触器	NC3 - 09/220	2	只	
7	中间继电器	JZX－22F(D)/4Z/220	4	只	
8	热继电器	NR4 - 63(1 - 1.6A)	1	只	
9	三相异步电动机	JW6324 - 380V 250W 0.85A	1	只	
10	控制变压器	JBK3 - 100 380/220V	1	只	
11	按钮	LA4 - 3H	1	只	
12	行程开关	LX19 - 111	2	只	
13	导轨	C45	0.3	米	

续表 3-1-2

序号	名称	型号规格	数量	单位	备注
14	端子	D-20	20	只	
15	铜塑线	BV1/1.37mm²	10	米	主电路
16		BV1/1.13mm²	15	米	控制电路
17		BVR7/0.75mm²	10	米	
18	紧固件		若干	只	

2. 接线

按设计系统图及 I/O 接线图进行系统接线。要求写出接线要求与步骤。

(四)程序设计

(1)由 I/O 接线图可知，输入元件 SB1、SQ1、SQ2 的常开触点分别连接输入端__________、__________、__________，控制三相交流异步电动机运转的接触器 KM1 和 KM2 由 PLC 输出继电器__________、__________控制，即输出继电器__________得电，接触器 KM1 吸合，KM2 断开，电动机正转；输出继电器__________得电，接触器 KM2 吸合，KM1 断开，电动机反转。而控制进水、排水、脱水及报警的继电器 KA1、KA2、KA3、KA4 由 PLC 输出继电器__________、__________、__________、__________控制，即输出继电器__________得电，继电器 KA1 吸合，洗衣机进水；输出继电器__________得电，继电器 KA2 吸合，洗衣机排水；输出继电器__________得电，继电器 KA3 吸合，洗衣机脱水；输出继电器__________得电，继电器 KA4 吸合，洗衣机报警。

(2)编写智能洗衣机控制系统程序流程图。

(3)根据梯形图程序写出对应的指令语句。

(五)系统调试

(1)将程序写入 PLC,并启动程序监控。

(2)通电测试,验证系统控制功能是否符合要求。

(3)结合监控模式观察到的异常现象修改梯形图程序。

现象一:______________________

修改方法:______________________

现象二:______________________

修改方法:______________________

现象三：________________

修改方法：________________

(4)梯形图修改完毕，重新将程序写入 PLC，通电测试智能洗衣机系统电路功能是否实现，根据故障现象检修电路。

故障一：________________

检修方法：________________

故障二：________________

检修方法：________________

故障三：________________

检修方法：________________

(5)系统检修完毕，重新通电测试，直至系统正常工作。

任务思考

1. 根据智能洗衣机控制系统要求，可以将控制过程分为哪几个状态？

____

____

2. 智能洗衣机控制系统中除了与电动机动作有关的电器之外，输出元件还包括哪几个？

____

____

拓展与延伸

如果智能洗衣机在洗涤过程中断电，要求重新通电后洗衣机能从断电时的状态继续原先的洗涤过程，那程序又该如何设计呢？

任务评价

采用小组协作完成的方式，根据任务完成情况填写表 3-1-3，完成考核评价。

表 3-1-3　评分标准

班别：		小组：		姓名：			
考核内容	考核标准	分值	小组自评 30%	小组互评 30%	教师评价 40%	得分
I/O 分配	1. I/O 分配表绘制合理、规范	5				
	2. I/O 接线图绘制规范、正确	5				

续表 3-1-3

班别：		小组：	姓名：			
考核内容	考核标准	分值	小组自评 30%	小组互评 30%	教师评价 40%	得分
程序设计	1. 熟练使用 GX Developer 编程软件	5				
	2. 程序设计规范、正确，能实现系统控制功能	10				
程序输入	1. 指令输入熟练、正确	5				
	2. 程序编辑、传输方法正确	5				
系统安装调试	1. PLC 系统接线完整、正确，有必要的保护	10				
	2. 安装接线遵循安装原则、符合工艺要求	5				
	3. 调试方法合理、正确	5				
	4. 能正常实现洗衣机电动机正转和暂停	5				
	5. 能正常实现洗衣机电动机反转和暂停	5				
	6. 能正常实现洗衣机进水、排水、脱水及报警	5				
	7. 能正确分析常见故障和使用工具排除故障	5				
学习能力	1. 解答问题正确，思路清晰	10				
	2. 在规定时间内完成任务	5				
	3. 团结协作，学习积极主动	5				
职业素养	任务完成后，将实训导线及其他实训物品整理好，放回指定位置	5				
总分		100				

知识链接

一、基础知识

触点比较指令在使用时，可将每条指令都看作一个触点，触点是否为 ON 取决于比较结果，因此十分形象直观、简单方便，很受使用者欢迎。

二、触点比较指令

（一）LD 类触点比较指令

用于从左母线直接开始的触点比较指令，即该触点比较指令为支路上与左母线相连的首个触点，其用法参见表 3-1-4。

表 3-1-4　LD 类触点比较指令的用法

功能号	16 位助记符	32 位助记符	操作数		导通条件	断开条件
			[S1.]	[S2.]		
FUN224	LD=	LD0=	K、H、KnX、KnY、KnM、KnS、T、C、D、R、V、Z		[S1.]=[S2.]	[S1.]<>[S2.]
FUN225	LD>	LD0>			[S1.]>[S2.]	[S1.]<=[S2.]
FUN226	LD<	LD0<			[S1.]<[S2.]	[S1.]>=[S2.]
FUN228	LD<>	LD0<>			[S1.]<> [S2.]	[S1.]==[S2.]
FUN229	LD<=	LD0<=			[S1.]<= [S2.]	[S1.]> [S2.]
FUN230	LD>=	LD0>=			[S1.]>= [S2.]	[S1.]< [S2.]

LD 类触点比较指令的应用举例如图 3-1-4 所示。

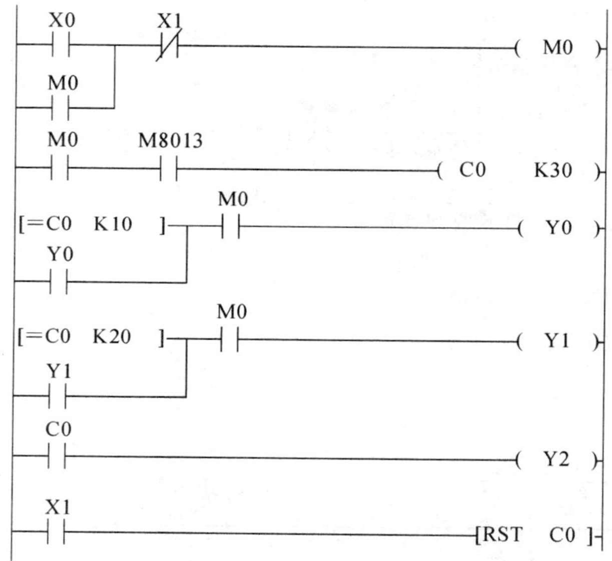

图 3-1-4　LD 类触点比较指令的应用举例

从图 3-1-4 可以看出，按下 X0，M0 接通并保持，C0 开始计数：当 C 中的当前值为 K10 时，即 M0 接通 10s 后，Y0 接通并保持；当 C0 中的当前值为 K20 时，即 M0 接通 20s 后，Y1 接通并保持；当 C0 计数达到设定值时，即 M0 接通 30s 后，Y2 接通并保持，直到按下 X1，M0 断开，计数器 C0 复位。

在应用 LD 类触点比较指令实现顺序控制时，一个计数器和触点比较指令相配合实际上起到了 3 个定时器的作用，使编程更为方便，程序更为简洁、清晰。

(二)OR 类触点比较指令

OR 类触点比较指令是用于并联触点的比较指令，其用法参见表 3-1-5。

表 3-1-5　OR 类触点比较指令的用法

功能号	16 位助记符	32 位助记符	操作数		导通条件	断开条件
			[S1.]	[S2.]		
FUN240	OR＝	ORD＝	K、H、KnX、KnY、KnM、KnS、T、C、D、R、V、Z		[S1.]＝[S2.]	[S1.]＜＞[S2.]
FUN241	OR＞	ORD＞			[S1.]＞[S2.]	[S1.]＜＝[S2.]
FUN242	OR＜	ORD＜			[S1.]＜[S2.]	[S1.]＞＝[S2.]
FUN244	OR＜＞	ORD＜＞			[S1.]＜＞[S2.]	[S1.]＝＝[S2.]
FUN245	OR＜＝	ORD＜＝			[S1.]＜＝[S2.]	[S1.]＞[S2.]
FUN246	OR＞＝	ORD＞＝			[S1.]＞＝[S2.]	[S1.]＜[S2.]

OR 类触点比较指令的应用举例如图 3-1-5 所示。

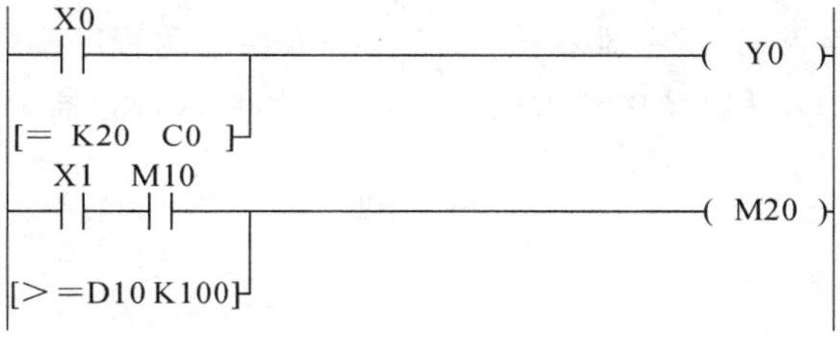

```
   X0
|--| |--------+------------------------( Y0 )-|
|             |
|[= K20  C0 ]-+
   X1    M10
|--| |---| |--+------------------------( M20 )-|
|             |
|[>=D10 K100]-+
```

图 3-1-5　OR 类触点比较指令的应用举例

从图 3-1-5 可以看出，当 X0 为 ON 或计数器 C0 的当前值为 K20 时，输出 Y0 接通；当 X1 和 M10 都为 ON 或 D10 中的数据大于等于 K100 时，M20 接通。

(三)AND 类触点比较指令

AND 类触点比较指令是用于串联触点的比较指令，其用法参见表 3-1-6。

表 3-1-6　AND 类触点比较指令的用法

功能号	16 位助记符	32 位助记符	操作数		导通条件	断开条件
			[S1.]	[S2.]		
FUN232	AND＝	AND0＝	K、H、KnX、KnY、KnM、KnS、T、C、D、R、V、Z		[S1.]＝[S2.]	[S1.]＜＞[S2.]
FUN233	AND＞	AND0＞			[S1.]＞[S2.]	[S1.]＜＝[S2.]
FUN234	AND＜	AND0＜			[S1.]＜[S2.]	[S1.]＞＝[S2.]
FUN236	AND＜＞	AND0＜＞			[S1.]＜＞[S2.]	[S1.]＝＝[S2.]
FUN237	AND＜＝	AND0＜＝			[S1.]＜＝[S2.]	[S1.]＞[S2.]
FUN238	AND＞＝	AND0＞＝			[S1.]＞＝[S2.]	[S1.]＜[S2.]

AND类触点比较指令的应用举例如图3-1-6所示。

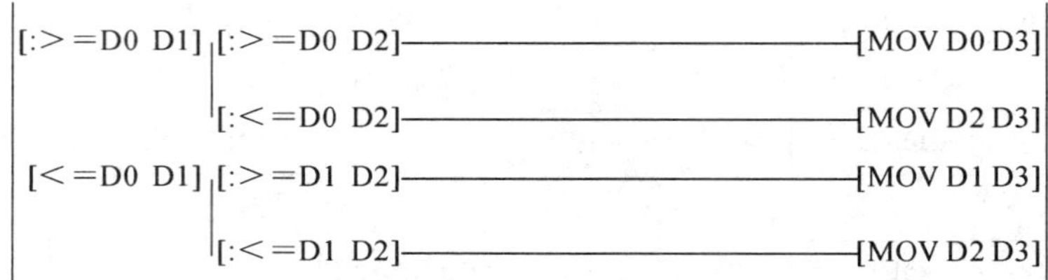

图3-1-6　AND类触点比较指令的应用举例

从图3-1-6可以看出，首先将D0、D1中的数据进行比较，若D0中的数据大于或等于D1中的数据，则再将D0中的数据和D2中的数据比较，若D0中的数据大于或等于D2中的数据，则将D0中的数据存入D3，若D0中的数据小于D2中的数据，则将D2中的数据存入D3；若D0中的数据小于D1中的数据，则再将D1中的数据和D2中的数据比较。若D1中的数据大于等于D2中的数据，则将D1中的数据存入D3，若D1中的数据小于D2中的数据，则将D2中的数据存入D3。不难看出，图3-1-6所示的程序实际上是通过触点比较指令求出3个寄存器D0、D1和D2中最大的数据，并将其存入寄存器D3中。

习　题

一、填空题

1. 状态驱动指令是____________。

2. 步进运行结束指令是____________。

3. 状态元件用____________表示，最常用的一般状态元件的编号是____________。

4. 触点比较指令中，不等于的符号为____________。

二、选择题

1. 用于初始状态的状态元件是(　　)。

A. S0～S9　　B. S10～S19　　C. S20～S499　　D. S500～S899

2. 要执行步进程序，首先要激活初始状态S0。一般情况下，步进程序都会用特殊辅助继电器(　　)在PLC送电时产生的脉冲来激活S0。

A. M8012　　B. M8002　　C. M8013　　D. M8011

3. 绘制状态转移图时，初始状态的应选择(　　)

A. SFC块　　B. 梯形图块

C. SFC块和梯形图块都可以　　D. 不需要选择

4. 若源操作数的最高位为1，其值为负值，则比较时按(　　)进行比较 。

A. 1　　B. 负值　　C. 正值　　D. 都可以

三、判断题

1. 步进程序中每个普通状态执行是与上一状态是接通的。　(　　)

2. 步进程序中，若要转移到下一个状态，必须满足转移条件。　(　　)

3. 状态转移图与步进梯形图的控制过程是不同的。　(　　)

四、简答题

1. 简述“状态转移图”的含义。
2. 简述利用 GX Developer 软件绘制状态转移图的方法与步骤。
3. 写出智能洗衣机控制训练的控制程序。
4. 绘制智能洗衣机控制训练的I/O分配表。

任务二　小型灯光秀控制系统设计

任务导读

知识点	1. FX_{3U}系列 PLC 的移位指令的基本格式与使用方法
	2. FX_{3U}系列 PLC 的数据 D 的使用方法
技能点	1. 理解小型灯光秀控制系统运行原理
	2. 掌握小型灯光秀控制系统的编程方法
	3. 能够绘制小型灯光秀控制系统的I/O接线图，并能对该系统安装、调试、检修和完善
实训要求	1. 运用软件 GX Developer 编写小型灯光秀控制系统程序，并下载到 PLC
	2. 按照绘制好的I/O分配表和接线图进行小型灯光秀控制系统的安装、调试、运行
学习思路	通过对小型灯光秀控制系统设计案例的学习，熟悉 PLC 的顺序流程图和相关功能指令，从而掌握 GX Developer SFC 编程的使用方法，系统安装、调试技巧
建议学时	12 学时

任务引入

在繁华都市的夜景中，色彩鲜艳、花样繁多的灯光秀吸引了无数人的眼球。如果仔细观察灯光秀，会发现它们的闪烁富有规律，而且均随着时间推移而逐步变化，不断循环。PLC 在控制彩灯时，可通过输出数据 1 或 0 来实现彩灯的亮和灭，这用 PLC 指令中的移位指令可以方便地实现，同时移位指令还可以用于顺序控制等多种场合，因此掌握移位指令的用法对学习和应用 PLC 十分重要。本任务通过对灯光秀的模拟控制，介绍常用移位指令的使用方法。灯光秀的外观及核心系统图如图 3－2－1 所示。

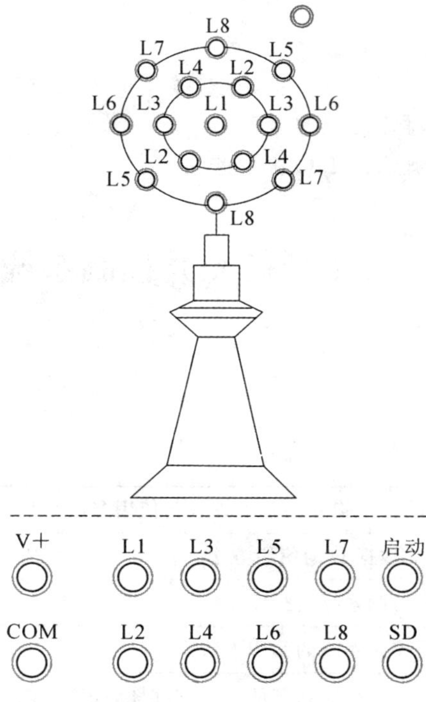

图 3-2-1　灯光秀的外观及核心系统图

任务要求：

本任务要求设计小型灯光秀控制系统，具体要求有如下 4 点：

(1)按下启动按钮 SB1，8 盏装饰灯 L1～L8 以 1.5s 的时间间隔正序依次流水点亮，循环 3 次。

(2)L1～L8 以 1s 的时间间隔反序依次点亮，循环两次。

(3)L1～L8 以 0.5s 的时间间隔依次正序点亮，直至全亮后再以 0.5s 的时间间隔反序依次熄灭，完成一次大循环。

(4)按上述过程不断循环，直至按下停止按钮 SB2，8 盏装饰灯全部熄灭。

任务分析

由“任务要求”可以看出，8 盏装饰灯共有 3 种点亮方式，可编制 3 个相应的子程序调用指令来实现。3 种控制方式都可以用移位指令来编辑子程序：前两种控制方式应采用循环移位指令，开始是移入数据 1，然后移入数据一直保持为 0，直至循环结束；对于第三种控制方式，在用移位指令编程时，应注意点亮时移入数据保持为 1，熄灭时移入数据则保持为 0。

任务实施

(一)绘制 I/O 分配表

PLC 控制灯光秀系统控制电路的 I/O 分配表参见表 3-2-1。

表 3-2-1　灯光秀控制电路的 I/O 分配表

输入			输出		
元件	作用	PLC 输入点	元件	作用	PLC 输出点
SB1			L1		
SB2			L2		
			L3		
			L4		
			L5		
			L6		
			L7		
			L8		

(二)绘制 I/O 接线图

请在下列方框中绘制出 FX_{3U}-48MR/ES 型 PLC 控制的灯光秀系统控制电路的 I/O 接线图。

(三)系统安装

1. 元件器材

用 FX_{3U}-48MR/ES 型 PLC 实现灯光秀控制系统，所需元件器材参见表 3-2-2。

表 3-2-2　所需元件器材

序号	名称	型号规格	数量	单位	备注
1	计算机	装有 GX Developer 编程软件	1	台	
2	PLC	FX_{3U}-48MR/ES	1	台	

续表 3-2-2

序号	名称	型号规格	数量	单位	备注
3	安装板	600mm×900mm	1	块	
4	熔断器	RT28-32	4	只	
5	空气断路器	Multi9 C65N D20 2P	1	只	
6	指示灯	XB2-BVB3C-24V	15	只	
7	控制变压器	JBK3-100 380/220V	1	只	
8	直流开关电源	DC 24V、50W	1	只	
9	按钮	LA4-3H	1	只	
10	导轨	C45	0.3	米	
11	端子	D-20	20	只	
12	钢塑线	BV1/1.13mm^2	15	米	
13		BVR7/0.75mm^2	10	米	
14	紧固件	—	若干	只	

2. 接线

按设计系统图及 I/O 接线图进行系统接线。要求写出接线要求与步骤。

(四)程序设计

(1)由 I/O 接线图可知，输入元件 SB1、SB2 的常开触点分别连接输入端______、______，控制灯光秀的指示灯亮灭由 PLC 输出继电器______、______、______、______、______、______、______、______控制，即输出继电器______得电，指示灯 L1 ______；输出继电器______得电，指示灯 L2 ______；输出继电器______得电，指示灯 L3 ______；输

出继电器＿＿＿＿＿＿得电，指示灯 L4 ＿＿＿＿＿＿；输出继电器＿＿＿＿＿＿得电，指示灯 L5 ＿＿＿＿＿＿；输出继电器＿＿＿＿＿＿得电，指示灯 L6 ＿＿＿＿＿＿；输出继电器＿＿＿＿＿＿得电，指示灯 L7 ＿＿＿＿＿＿；输出继电器＿＿＿＿＿＿得电，指示灯 L8 ＿＿＿＿＿＿。继电器失电，则对应的指示灯＿＿＿＿＿＿。

(2)编写灯光秀控制系统 PLC 程序。

(3)根据梯形图程序写出对应的指令语句。

(五)系统调试

(1)将程序写入 PLC，并启动程序监控。

(2)通电测试，验证系统控制功能是否符合要求。

(3)结合监控模式观察到的异常现象修改梯形图程序。

现象一：＿＿＿＿＿＿＿＿＿＿＿＿＿＿＿＿＿＿＿＿＿＿＿＿

修改方法：＿＿＿＿＿＿＿＿＿＿＿＿＿＿＿＿＿＿＿＿＿＿＿＿

现象二：____________________

修改方法：____________________

现象三：____________________

修改方法：____________________

(4)梯形图修改完毕，重新将程序写入 PLC，通电测试小型灯光秀控制系统电路功能是否实现，根据故障现象检修电路。

故障一：____________________

检修方法：____________________

故障二：____________________

检修方法：____________________

故障三：____________________

检修方法：____________________

(5)系统检修完毕，重新通电测试，直至系统正常工作。

任务思考

1. 用左/右移位指令实现控制点亮指示灯时应注意移入数据要始终保持，为什么？

2. 用左/右移位指令实现控制熄灭指示灯时应注意移入数据要始终保持，为什么？

3. 在设计程序时，应注意各子程序间哪些复位？

拓展与延伸

将灯光秀控制系统中第三点要求改为：L1～L8 以 0.5s 的时间间隔反序依次点亮，直至全亮后，全灭 1s……如此循环 3 次，子程序如何编写？

任务评价

采用小组协作完成的方式，根据任务完成情况填写表 3-2-3，完成考核评价。

表 3-2-3　评分标准

班别：		小组：	姓名：			
考核内容	考核标准	分值	小组自评 30%	小组互评 30%	教师评价 40%	得分
I/O分配	1. I/O分配表绘制合理、规范	5				
	2. I/O接线图绘制规范、正确	5				
程序设计	1. 熟练使用GX Developer编程软件	5				
	2. 程序设计规范正确，能实现系统控制功能	10				
程序输入	1. 指令输入熟练、正确	5				
	2. 程序编辑、传输方法正确	5				
系统安装调试	1. PLC系统接线完整、正确，有必要的保护	10				
	2. 安装接线遵循安装原则、符合工艺要求	5				
	3. 调试方法合理、正确	5				
	4. 能正常实现灯光秀正序依次流水点亮并循环	5				
	5. 能正常实现灯光秀逆序依次流水点亮并循环	5				
	6. 能正常实现灯光秀正序依次流水点亮，逆序依次熄灭并循环	5				
	7. 能正确分析常见故障和使用工具排除故障	5				
学习能力	1. 解答问题正确，思路清晰	10				
	2. 在规定时间内完成任务	5				
	3. 团结协作，学习积极主动	5				
职业素养	任务完成后，将实训导线及其他实训物品整理好，放回指定位置	5				
总分		100				

知识链接

一、基础知识

数据寄存器用于存储各种数据，每个数据寄存器均为16bit，当需要存储32bit的数据时，可以将两个连续的数据寄存器合并起来使用。三菱FX_{3U}系列PLC的数据寄存器可以分成以下4种。

1.通用数据寄存器

通用数据寄存器的元件编号为 D0～D199，共 200 点。每个数据寄存器都可以存入 16bit 数据，当存入 32bit 数据时，则 D1 存入高 16bit，D0 存入低 16bit。

存入通用寄存器中的数据可以保持，直到写入新的数据。PLC 从“RUN”到“STOP”或断电时，通用数据寄存器被自动清零。

2.断电保持数据寄存器

断电保持数据寄存器的元件编号为 D200～D7999，共 7800 点。PLC 从“RUN”到“STOP 或断电时，存入断电保持数据寄存器的数据都将保持不变，直到存入新的数据。

3.特殊数据寄存器

特殊数据寄存器的元件编号为 D8000～D8511，共 512 点，用于存放监控 PLC 各元件的信息数据。PLC 通电时，特殊数据寄存器先全部清零，然后由系统 ROM 写入初始值。对于未定义的特殊数据寄存器，用户不得使用。

4.文件数据寄存器(R)和扩展文件数据寄存器(ER)

文件数据寄存器是一种专用的数据寄存器，用于存储大量的数据，如采集数据、统计计算数据、多组控制参数等。数据寄存器的元件编号为 D1000～D6999，共 7000 点，可以通过参数设定以 500 点为单位将其作为文件寄存器使用。

二、数据传送指令

数据传送指令主要用于实现寄存器与存储器之间、寄存器之间、累加器与 I/O 端口之间、立即数到寄存器或存储器之间的字节或字的传送。

助记符：MOV、MOVP、DMOV、DMOVP。

指令功能：将源数据输送到指定目标。

说明：

(1)数据传送指令的操作元件为：源操作数[S.]：K、H，KnX，KnY，KnM，KnS，T，C，D，R，V、Z(变址寄存器)。目的操作数[V.]：KnY，KnM，KnS，T，C，D，R，V、Z。

(2)DMOV 是双字节传送指令，MOVP 为数据传送脉冲指令，即触发信号上升沿到来时执行，而 MOV 指令则一个扫描周期执行一次。

MOV 指令的应用举例如图 3-2-2 所示。

源操作数　目的操作数　指令语句

```
                        [S.]   [D.]
 | X0                                    |     0  LD    X0
 |--| |-----------[ MOV  K85   K2Y0 ]----|     1  MOV   K85   K2Y0
 |                                       |
```

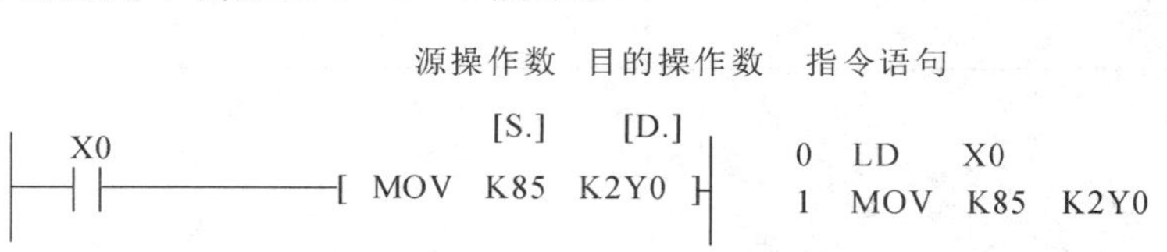

图 3-2-2　MOV 指令的应用举例

如图 3-2-2 所示，当 X0 接通时，将源操作数十进制常数 K85 自动转换为二进制数传送到 K2Y0 中，此时即使 X0 断开，K2Y0 中的数据仍保持不变，直到重新传入其他数据。

三、位左移/位右移指令

移位指令都是对无符号数进行的处理，执行时只考虑要移位的存储单元中每一位数字

的状态，而不管数字的大小，本类指令在一个输出点对应多个相对固定状态的情况下有广泛的应用。

1. 位右移指令

位右移指令 SFTR 采用连续执行方式，触发信号接通时移位操作每个扫描周期执行一次。位右移指令 SFTRP 采用脉冲执行方式，仅当触发信号的上升沿到来时执行。

助记符：SFTR、SFTRP。

位数 n1：指定目的操作元件的位数。

位数 n2：指定源操作元件的位数和目的操作元件的移位位数。

指令功能：将 n1 位目的操作元件中的数据右移 n2 位，其低 n2 位溢出，高 n2 位由源操作数补入。

说明：

(1)位右移指令的操作元件为：源操作数[S.]：X，Y，M，D□. b；目的操作数[D.]：Y，M，S；位数 n1：K、H；位数 n2：K、H，D，R 且 n2≤n1≤1024。

(2)当源操作数[S.]和目的操作数[D.]重复时，则运算出错。

SFTR 指令的应用举例如图 3-2-3 所示。

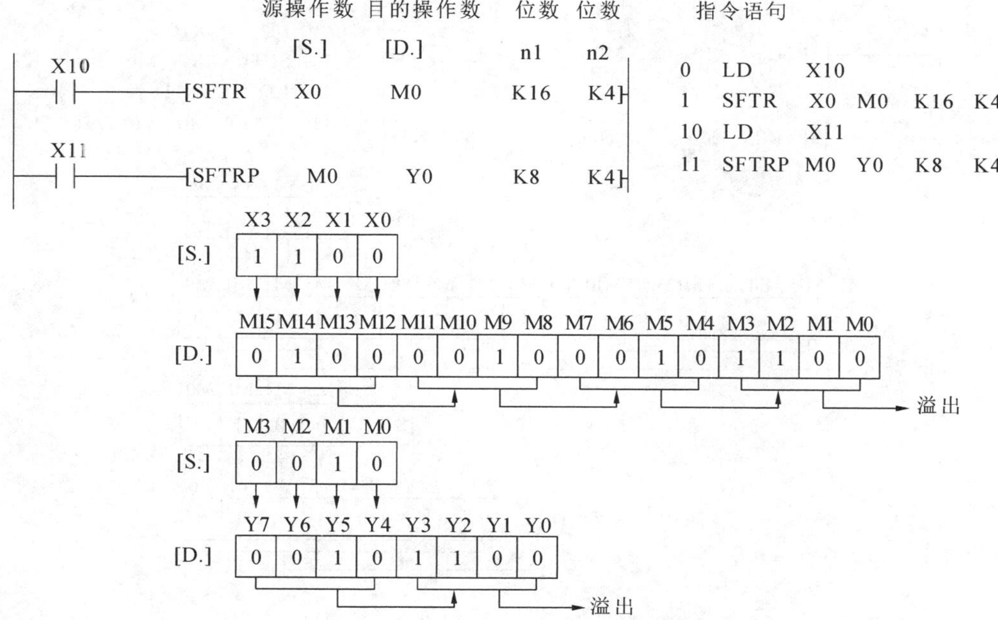

图 3-2-3 SFTR 指令的应用举例

从图 3-2-3 可以看出，第一条位右移指令由于 n2=4，所以源元件为 X0～X3 共 4 位，移位的位数也为 4 位；而 n1=16 决定了其目的元件为从 M0 开始的 16 位元件 M0～M15。当触发第二条位右移指令 n2 仍为 4，源元件由位元件 M0～M3 组成，目的元件由 8 个位元件 Y0～Y7 组成。当触发信号 X11 接通时，Y0～Y7 中的 8 位数据右移 4 位，低 4 位 Y0～Y3 溢出，M0～M3 中的数据移入高 4 位 Y4～Y7。该指令(SFTRP)采用冲执行方式，仅当触发信号 X11 的上升沿到来时执行。

2. 位左移指令

位左移指令 SFTL 采用连续执行方式，触发信号接通时移位操作每个扫描周期执行一次。位左移指令 SFTLP 采用脉冲执行方式，仅当触发信号的上升沿到来时执行。

助记符：SFTL、SFTLP。

位数 n1：指定目的操作元件的位数。

位数 n2：指定源操作元件的位数和目的操作元件的移位位数。

指令功能：将 n1 位目的操作元件中的数据左移 n2 位，其高 n2 位溢出，低 n2 位由源操作数补入。

说明：

(1)位左移指令的操作元件为：源操作数[S.]：X，Y，M，D□. b；目的操作数[D.]：Y，M，S；位数 n1：K、H；位数 n2：K、H，D，R，且 n2≤n1≤1024。

(2)当源操作数[S.]和目的操作数[D.]重复时，则运算出错。

SFTL 指令的应用举例如图 3-2-4 所示。

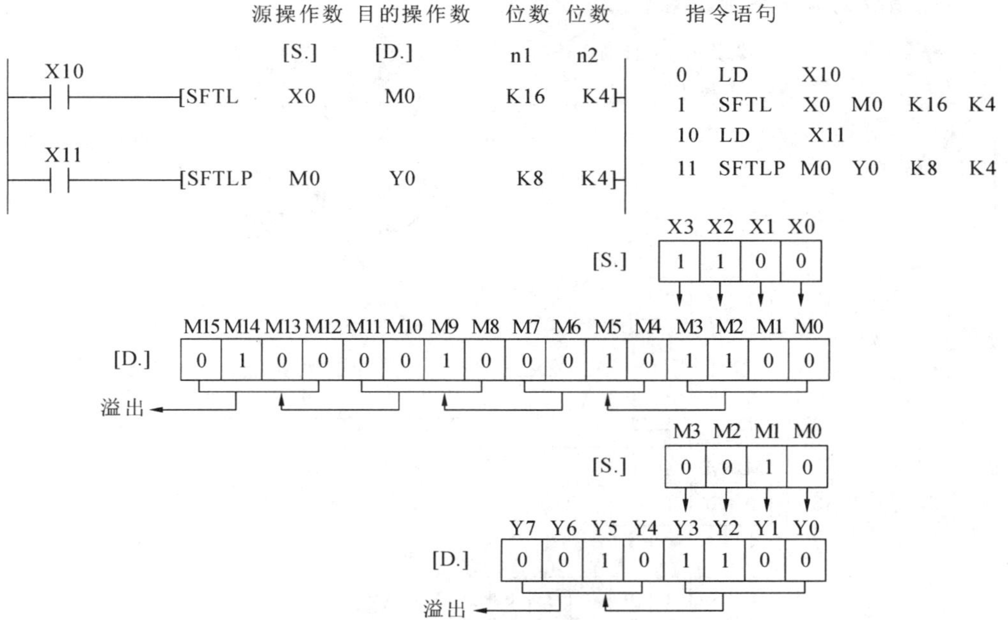

图 3-2-4 SFTL 指令的应用举例

位右移指令的执行情况和位左移指令类似，这里不再重复。

3. 循环移位指令

循环移位是环形的，一端移出的位会从另一端移入。根据操作数不同，左移位与右移位指令又分为字节、字和双字型指令。循环移位指令可以对字节进行操作，也可以对字进行操作，操作数可以是寄存器，也可以是存储单元。

(1)循环右移指令。

循环右移位是将输入端指定单元的各位数向右循环移动 n 位，结果保存在输出端指定的单元中。

助记符：ROR、RORP、DROR、DRORP。

n：移位位数。指令功能：将目的操作数的内容循环右移“n”位。

说明：

循环右移指令的操作元件为：目的操作数[D.]：应为 16bit 或 32it 元件，即 K4Y□、K8Y□，K4M□、K8M□，K4S□、K8S□，T，C，D，R，V、Z；位数 n：对于字指令（ROR、RORP）1≤n≤16，对于双字指令（DROR、DRORP）1≤n≤32。

ROR 指令的应用举例如图 3-2-5 所示。

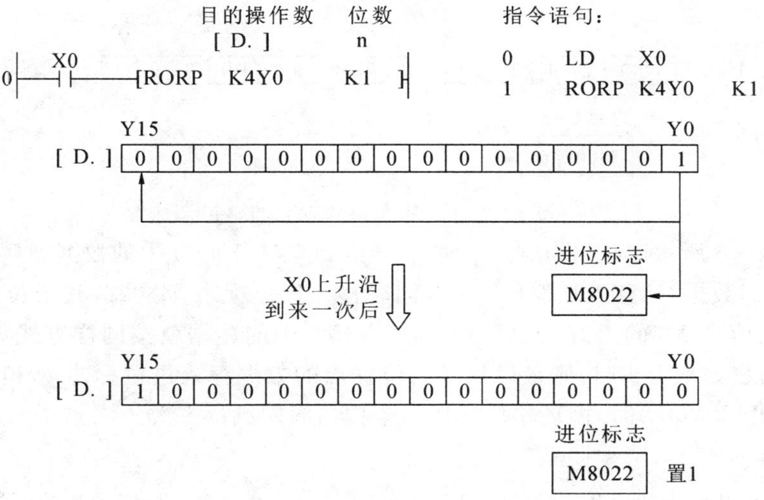

图 3-2-5　ROR 指令的应用举例

如图 3-2-5 所示，K4Y0 中的原数据为 1，当触发信号 X0 的上升沿到来时，K4Y0 中的数据循环右移 n=1 位，最低位“Y0”的数据“1”移入最高位“Y15”，同时移入进位标志 M8022，其余位的数据顺次右移一位，以后触发信号 X0 的上升沿每到来一次，K4Y0 中的数据就按同样方式循环右移 n=1 位。当移位位数 n 不为 1 时，最后从最低位移出的数据存入进位标志 M8022，使用连续执行指令(ROR、DROR)时，循环移位操作每个扫描周期执行一次。

(2)循环左移指令。

循环左移位是将输入端指定单元的各位数向左循环移动 n 位，结果保存在输出端指定的单元中。

助记符：ROL、ROLP、DROL、DROLP。

n：移位位数。指令功能：将目的操作数的内容循环左移“n”位。

说明：

循环左移指令的操作元件为①目的操作数[D.]：应为 16bit 或 32it 元件，即 K4Y□、K8Y□、K4M□、K8M□，K4S□、K8S□、T、C、D、R、V、Z；②位数 n：对于字指令（ROL、

ROLP)1≤n≤16,对于双字指令(DROL、DROLP)1≤n≤32。

ROL 指令的应用举例如图 3-2-6 所示。

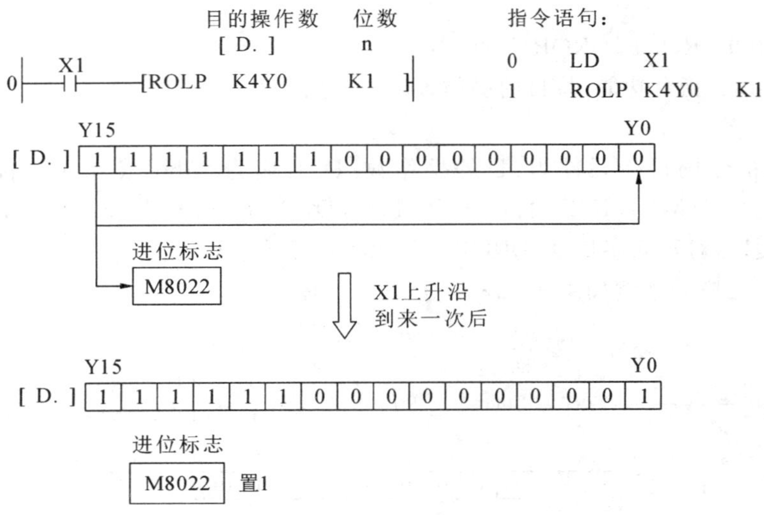

图 3-2-6 ROL 指令的应用举例

如图 3-2-6 所示,当触发信号 X1 的上升沿到来时,K4Y0 中的数据循环左移 n=1 位,最高位“Y15”的数据“1”移入最低位“Y0”,同时移入进位标志 M8022,其余位的数据顺次左移一位。触发信号 X0 的上升沿每到来一次,K4Y0 中的数据就按同样方式循环右移 n=1 位。当移位位数 n 不为 1 时,则最后从最高位移出的数据存入进位标志 M8022。使用连续执行指令(ROL、DROL)时,循环移位操作每个扫描周期执行一次。

4. 子程序指令

(1)子程序调用指令。助记符:CALL、CALLP。指令功能:调用子程序。

(2)子程序返回指令。助记符:SRET。指令功能:返回主程序。

(3)主程序结束指令。助记符:FEND。指令功能:结束主程序。

说明:

(1)子程序指针标号的范围为 P0~P62 和 P64~P4095(P63 为跳转指令专用),并应出现在主程序结束指令 FEND 之后,且同一指针标号在整个程序中只能出现一次。

(2)CALL 指令可重复调用同一指针编号的子程序。

(3)子程序可以嵌套使用,但嵌套总数不能超过 5 级。

(4)在子程序中应使用编号为 T192~T199 的专用定时器。

子程序指令的应用举例如图 3-2-7 所示。

子程序调用指令 CALL 安排在主程序段,主程序以 FEND 指令结束。子程序安排在主程序结束指令 FEND 之后,若主程序带有多个子程序或子程序嵌套使用时,子程序应以不同的标号 P 依次列出。如图 3-2-7 所示,当 X0 为 ON 时,程序转去执行指针标号为 P 的子程序,此时若 X2 为 ON,则 Y0 和 Y1 接通,执行到 SRET 指令返回主程序继续执行;若 X1 为 ON,则又转到指针标号为 P1 的程序执行,此时 X3 状态为 ON 时,Y2 和 Y3 接通,遇

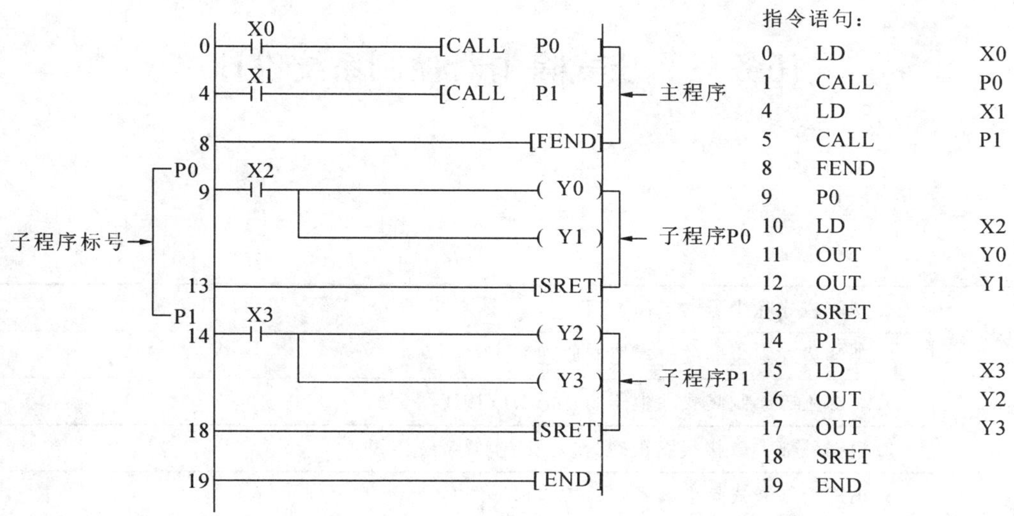

图 3-2-7　子程序指令的应用举例

SRET 指令回主程序结束。

如图 3-2-7 所示，子程序调用指令采用的是连续执行(CALL)的形式，因此当触发信号保持 ON 状态不变时，程序每执行到该指令都转去相应的子程序执行，遇 SRET 指令回主程序原断点继续执行。而当触发信号为 OFF 时，PLC 仅扫描主程序段，不再扫描子程序段。当子程序调用指令采用脉冲触发(CALP)形式时，则触发信号上升沿每到来一次，程序执行到该指令转去执行一次相应的子程序，以后即使触发信号保持为 ON，程序执行到该指令处时，也不再转去执行子程序，直到触发信号的下一个上升沿到来。

习　题

一、填空题

1. 位右移指令是____________。

2. 位左移指令是____________。

二、选择题

1. K1X0 表示以(　　)为首的 4 个元件。

A. X0　　B. X1　　C. X2　　D. X3

2. K2Y0 表示以 Y0 为首的(　　)个元件。

A. 2　　B. 0　　C. 4　　D. 8

三、简答题

1. 写出灯光秀控制训练的控制程序。

2. 绘制出灯光秀控制训练的 I/O 分配表。

任务三　袋式除尘器控制系统设计

任务导读

知识点	1. 理解袋式除尘器的工作过程
	2. 理解袋式除尘器的电气控制原理图
技能点	1. 能够正确绘制袋式除尘器的外部 I/O 接线图
	2. 根据外部 I/O 接线图正确为袋式除尘器系统接线
	3. 正确绘制袋式除尘器系统的控制梯形图
实训要求	1. 运用软件 GX Developer 绘制袋式除尘器系统的控制梯形图，并下载到 PLC
	2. 按照绘制好的 I/O 分配表和接线图进行袋式除尘器系统的安装、调试、运行
	3. 能分析并排除袋式除尘器的常见故障
学习思路	通过对袋式除尘器的设计，掌握 PLC 设计性项目的设计流程，掌握系统的安装规则及步骤，掌握设备故障分析、排除的方法
建议学时	12 学时

任务引入

20 世纪以来，工业飞速发展，水泥以其独特的性能广泛应用在建筑、油井、抗洪抢险等方面。水泥对环境的污染主要包括粉尘、噪声、废水和废气中的二氧化硫及氨氧化合物等，其中以粉尘的污染尤为突出。近年来，环境质量要求越来越严格，如何控制空气污染中的粉尘排放问题已经成为急需解决的环境问题。

袋式除尘器是一种广泛应用在各种工业部门的高效率除尘设备，不仅对粉尘有很好的捕集效果，而且辅以必要的措施还可以处理一些有毒有害的气体，因而在许多领域都得到了广泛的应用。为实现环保高效的除尘效果，目前大部分企业采用 PLC 控制系统来控制袋式除尘器，如图 3－3－1所示是其中一种袋式除尘器。

图 3－3－1 袋式除尘器

任务要求：

本任务的要求有如下 3 点：

(1)能模拟安装袋式除尘器电气控制电路。

(2)能绘制袋式除尘器的控制梯形图。

(3)能对袋式除尘器的故障进行诊断与排除。

任务分析

目前,袋式除尘器电控系统主要包含晶体管无触点顺序逻辑控制系统与 PLC 控制系统。PLC 控制系统通过 PLC 软件编程来控制实现袋式除尘器中离心风机电动机、卸灰阀电动机、螺旋电动机、脉冲电磁阀、提升电磁阀的循环顺序控制的控制。有“自动控制”和“手动控制”两种模式。袋式收尘器具有通信接口,可与现场操作站或上位机实现通信。

任务实施

(一)绘制 I/O 分配表

PLC 控制三相交流异步电动机正反转控制电路的 I/O 分配表参见表 3-3-1。

表 3-3-1 三相交流异步电动机正反转控制电路的 I/O 分配表

输入			输出		
元件	作用	PLC 输入点	元件	作用	PLC 输出点
SB1			KM1	1 号螺旋机	
SB2			KM2	分格轮	
SB3			KM3	2 号螺旋机	
SB4			KM4	收尘风机	

(二)绘制 I/O 接线图

请在下列方框中绘制出 FX_{3U}-48MR/ES 型 PLC 控制的袋式除尘器 I/O 接线图。

(三)系统安装

1. 元件器材

用 FX_{3U}-48MR/ES 型 PLC 实现三相交流异步电动机正反转控制系统所需元件器材参见表 3-3-2。

表 3-3-2 所需元件器材

序号	名称	型号规格	数量	单位	备注
1	计算机	装有 GX Developer 编程软件	1	台	
2	PLC	FX_{3U}-48MR/ES	1	台	
3	安装板	600mm×900mm	1	块	
4	熔断器	RT28-32	7	只	
5	空气断路器	Multi9 C65N D20	1	只	
6	接触器	NC3-09/220	4	只	
7	热继电器	NR4-63(1-1.6A)	4	只	
8	三相异步电动机	JW6324-380V 250W 0.85A	4	只	
9	控制变压器	JBK3-100 380/220V	1	只	
10	按钮	LA4-3H	1	只	
11	导轨	C45	0.3	米	
12	端子	D-20	20	只	
13	铜塑线	BV1/1.37mm²	10	米	主电路
14		BV1/1.13mm²	15	米	控制电路
15		BVR7/0.75mm²	10	米	
16	紧固件		若干	只	

2.接线

按设计系统图及 I/O 接线图进行系统接线。要求写出接线要求与步骤。

(四)程序设计

1.袋式除尘器控制要求

根据袋式除尘器电气控制原理图可知,袋式除尘器系统设“自动启动”按钮 1 个、“正常停机”按钮 1 个、“复位/紧停”按钮 1 个。启停顺序要求如下:

(1)自动启动。按下“自动启动”按钮,1 号螺旋机运行,20s 后分格轮运行,分格轮运行 20s 后 2 号螺旋机运行,2 号螺旋机运行 20s 后风机及电磁阀启动运行。

(2)正常停机。按下“正常停机”按钮后 5s 后,风机及电磁阀停止工作,20s 后 2 号螺旋机停止工作,再过 20s 后风格轮停止工作,再过 20s 后 1 号螺旋机停止工作。

(3)故障停机。若除尘器出现故障,如某一电动机因过载导致热继电器动作,则除尘器停止运行。按下“复位/紧停”按钮后,方能再次开机。

2.袋式除尘器的控制梯形图

根据控制要求,袋式除尘器的控制梯形图如图 3-3-2 所示。

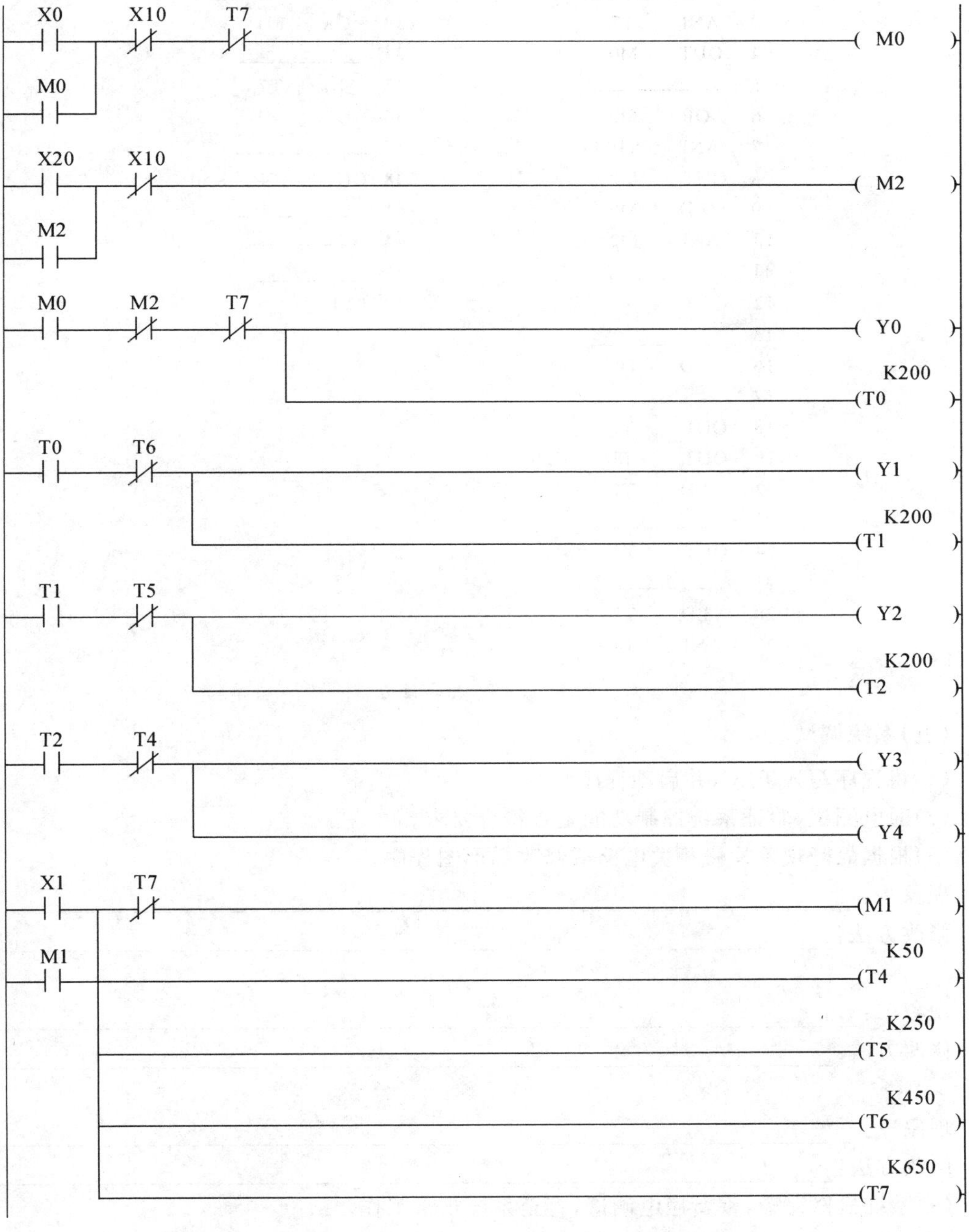

图 3-3-2　袋式除尘器的控制梯形图

3. 将指令语句补充完整

根据图 3-3-2 所示的梯形图程序将图 3-3-3 所示对应的指令语句补充完整。

0	______		
1	OR	M0	
2	______		
3	ANI	T7	
4	OUT	M0	
5	______		
6	OR	M2	
7	ANI	X10	
8	OUT	M2	
9	LD	M0	
10	ANI	M2	
11	______		
12	OUT	Y0	
13	______		
16	LD	T0	
17	______		
18	OUT	Y1	
19	OUT	T1	K200
22	LD	T1	
23	______		
24	OUT	Y2	
25	______		
28	LD	T2	
29	ANI	T4	
30	OUT	Y3	
31	OUT	Y4	
32	LD	X1	
33	OR	M1	
34	______		
35	ANI	T7	
36	OUT	M1	
37	______		
38	OUT	T4	K50
41	______		
44	______		
47	______		
50	END		

图 3-3-3　指令语句

(五)系统调试

(1)将程序写入 PLC,并启动程序监控。

(2)通电测试,验证系统控制功能是否符合要求。

(3)根据故障现象检修相关电路或修改梯形图程序。

现象一:______________________________

修改方法:______________________________

现象二:______________________________

修改方法:______________________________

现象三:______________________________

修改方法:______________________________

(4)系统检修完毕,重新通电测试,直至系统正常工作。

任务思考

1. 简述袋式除尘器的工作过程。

____

____

2. 简述袋式除尘器主要应用于哪些工业领域。

____

____

任务评价

采用小组协作完成的方式，根据任务完成情况填写表 3-3-3，完成考核评价。

表 3-3-3　评分标准

班别：		小组：		姓名：		
考核内容	考核标准	分值	小组自评 30%	小组互评 30%	教师评价 40%	得分
I/O 分配	1. I/O 分配表绘制合理、规范	3				
	2. I/O 接线图绘制规范、正确	3				
程序设计	1. 熟练使用 GX Developer 编程软件	3				
	2. 程序设计规范、正确，能实现系统控制功能	10				
程序输入	1. 指令输入熟练、正确	2				
	2. 程序编辑、传输方法正确	2				
系统安装调试	1. PLC 系统接线完整、正确，有必要的保护	10				
	2. 安装接线遵循安装原则、符合工艺要求	5				
	3. 调试方法合理、正确	2				
	4. 自动启动功能实现，时间设置准确	5				
	5. 正常停机功能实现，时间设置准确	5				
	6. 按下“复位/紧停”按钮后，方能再次开机	5				
	7. 能排除外部设备故障	5				
	8. 能排除系统故障	5				
	9. 能排除硬件故障	5				
	10. 能排除软件故障	5				

续表 3-3-3

考核内容	考核标准	分值	小组自评 30%	小组互评 30%	教师评价 40%	得分
学习能力	1. 解答问题正确，思路清晰	10				
	2. 在规定时间内完成任务	5				
	3. 团结协作，学习积极主动	5				
职业素养	任务完成后，将实训导线及其他实训物品整理好，放回指定位置	5				
总分		100				

一、袋式除尘器概述

（一）袋式除尘器的定义

袋式除尘器是一种使含尘气流通过过滤材料将粉尘分离捕集的装置，是过滤式除尘器的一种，是利用纤维性滤袋捕集粉尘的除尘设备，适用于捕集细小、干燥、非纤维性粉尘。滤袋的材质是天然纤维、化学合成纤维、玻璃纤维、金属纤维或其他材料。用这些材料制作成滤布，再把滤布缝制成各种形状的滤袋，如圆形、扇形、波纹形或菱形等。袋式除尘器是一种干式滤尘装置。当含尘气体进入袋式除尘器后，颗粒大、比重大的粉尘，由于重力的作用沉降下来，落入灰斗，含有较细小粉尘的气体在通过滤料时，粉尘被阻留，使气体得到净化。

（二）袋式除尘器的特点

（1）除尘效率高，特别是对微细粉尘也有较高的除尘效率，一般可达 99%以上。

（2）结构简单，维护操作方便。

（3）在保证同样高除尘效率的前提下，造价低于电除尘器。

（4）工作稳定，便于回收干料，没有污泥处理、腐蚀等问题，维护简单。

（5）不适宜黏结性强及吸湿性强的粉尘，特别是含尘气体温度低于露点时会产生结露，致使滤袋堵塞。

（三）袋式除尘器的分类

袋式除尘器的本体结构形式多种多样，可以按滤袋断面形状、含尘气流通过滤袋的方向、进气口布置、除尘器内气体压力、清灰方式 5 种形式分类。

（1）按滤袋断面形状分为圆形、扁形及异形 3 种。扁形袋有楔形、梯形和矩形等；异形袋有蜂窝形、折叠形等。

（2）按含尘气流通过滤袋的方向分为内滤式和外滤式两类。

（3）按进气口布置分为上进气和下进气两种方式。

（4）按除尘器内气体压力分为正压式和负压式两类。负压式为风机设在袋式除尘器的净化端，正压式为风机设在袋式除尘器前面。

(5)按清灰方式分为机械振动式、脉冲喷吹式和反吹风袋式 3 种。

①机械振动式袋式除尘器。利用机械传动使滤袋振动，致使沉积在滤袋上的粉尘层落入灰斗中。

②脉冲喷吹式袋式除尘器。含尘气体由下锥体引入脉冲清灰袋式除尘器，粉尘阻留在滤袋外表面上，透过滤袋的净气经过文氏管进入上箱体，从出气管排出。

③反吹风袋式除尘器。清灰时的气流与正常过滤时相反，是一种逆气流清灰方式。

(四)袋式除尘器的滤袋

除尘器滤袋又称为除尘器布袋，是袋式除尘器运行过程中的关键部分，堪称袋式除尘器的心脏。滤袋一般要求要有一定的透气性，具有一定的机械强度(抗拉、抗折、耐磨等)，质地均匀，过滤效率高，流体阻力小，应有一定的耐温或耐腐蚀性能。滤袋材料常有棉、柞蚕丝、毛等天然纤维织品和尼龙、奥纶、涤纶、玻璃纤维等人造纤维织品，或天然与人造纤维的混纺品等。

二、袋式除尘器的工作过程

(一)袋式除尘器的除尘原理

含尘气体经过袋式除尘器滤袋时，滤料纤维对粉尘的筛分、截留、粘附、静电和重力作用，将粉尘阻留在滤袋表面使粉尘与气体分离，达到净化烟气的目的。当粉尘粒径大于滤料中纤维间孔隙或滤料上沉积的粉尘间的孔隙时，粉尘即被筛滤下来。袋式除尘器除尘原理如图 3－3－4所示。

(二)袋式除尘器的结构

袋式除尘器主要由壳体、滤袋、灰斗、清灰装置、支架和脉冲清灰系统等部分组成，含尘气体进入箱体后经过滤袋时粉尘被阻挡在滤袋的外侧，净化后的气体经滤袋内侧被排出。其结构原理如图 3－3－5 所示。

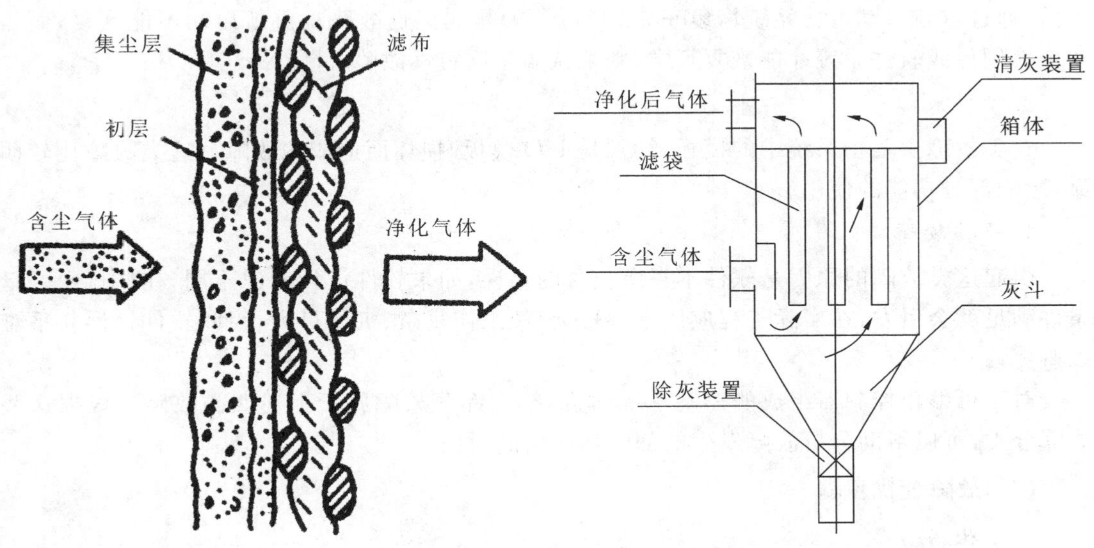

图 3－3－4　袋式除尘器除尘原理

图 3－3－5　袋式除尘器的结构

(三)袋式除尘器的工作过程

如图 3-3-4 所示，当含尘气体从进风口进入除尘器后，首先碰到进风口的斜隔板，气流便转向流入灰斗，同时气流速度变慢，由于重力沉降作用，使气体中粗颗粒粉尘直接落入灰斗，起到预除尘的作用。进入灰斗的气流随后折而向上，经过内部装有金属骨架的滤袋，粉尘被捕集在滤袋的外表面，净化后的气体进入滤袋上部的清洁室，汇集到出风管排出。

三、袋式除尘器的维护保养

除尘器日常使用时要注意维护保养，正确的使用、良好的保养会延长除尘器的使用寿命。除尘器日常维护与检修维护方法如下：

(1)除尘器投入运行后，应有专人管理、维修，熟悉除尘器工作原理及技术性能，掌握调整与维修方法，巡回检查，建立运行记录。

(2)定期测定工艺参数，如气体量、温度、浓度等，发现异常，应查找原因并及时处理。

(3)使用定时式清灰控制器，应定期测定清灰周期是否准确。

(4)要经常检查控制阀、脉冲阀以及定时器等的动作情况。

(5)定期检查滤袋的安装情况，是否有在使用后掉袋、松口、磨损等情况发生。

四、袋式除尘器的故障排除

(一)系统故障类型

1. 外部设备故障

外部设备就是与实际过程直接联系的各种开关、传感器、执行机构、负载等，这部分设备发生故障，直接影响系统的控制功能。

2. 系统故障

这是影响系统运行的全局性故障。系统故障可分为固定性故障和偶然性故障。故障发生后，通过重新启动可使系统恢复正常，则可认为是偶然性故障。重新启动不能恢复，而需要更换硬件或软件系统才能恢复正常，则可认为是固定性故障。

3. 硬件故障

这类故障主要指系统中的模板(特别是 I/O 模板)损坏而造成的故障。这类故障比较明显，影响部分功能的使用。

4. 软件故障

引起这类故障的原因是软件本身所包含的错误，如果软件设计考虑不周，在执行中一旦条件满足就会引发，在实际工程应用中，由于软件工作复杂、工作量大，因此软件错误几乎难以避免。

对于可编程控制器组成的控制系统而言，绝大部分故障属于上述四类故障。根据这些故障分类，可以帮助分析故障发生的部位和产生的原因。

(二)故障查找步骤

1. 总体检查

根据总体检查流程图，找出故障点，逐渐细化，以找出具体故障，如图 3-3-6 所示。

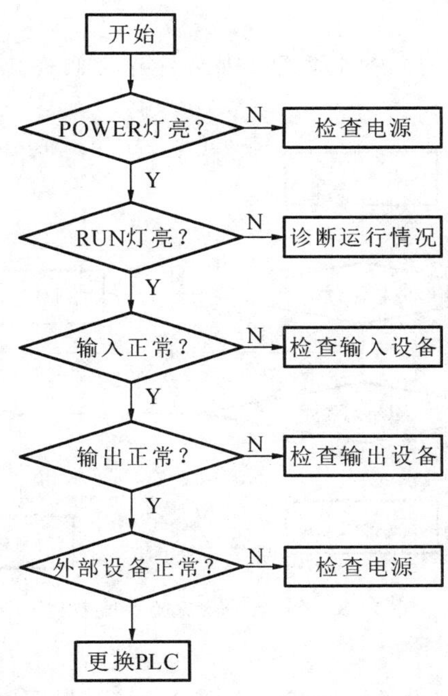

图 3-3-6 总体检查流程

2.供电系统检查

电源指示灯不亮需对供电系统进行检查,检查流程如图 3-3-7 所示。

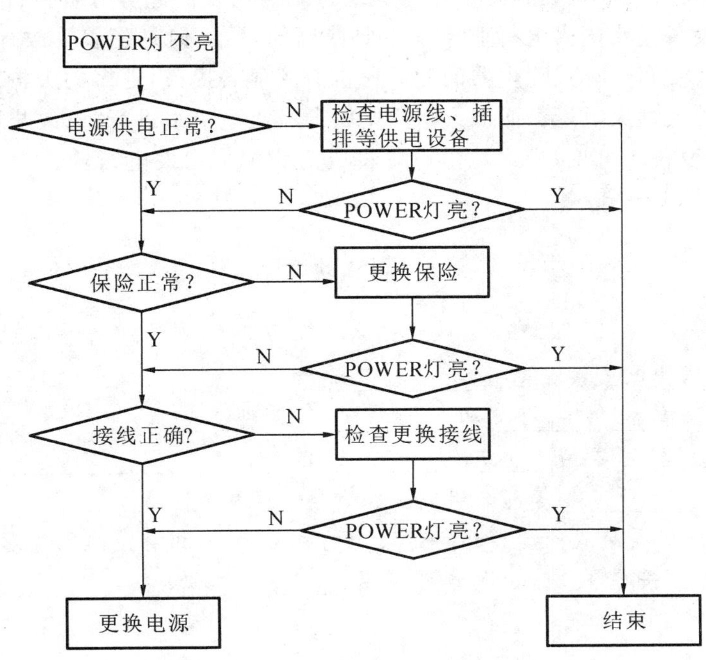

图 3-3-7 供电系统检查流程

3. 运行故障检查

电源正常，运行指示灯不亮，说明系统已因某种异常而终止了正常运行，检查流程图如图 3-3-8 所示。

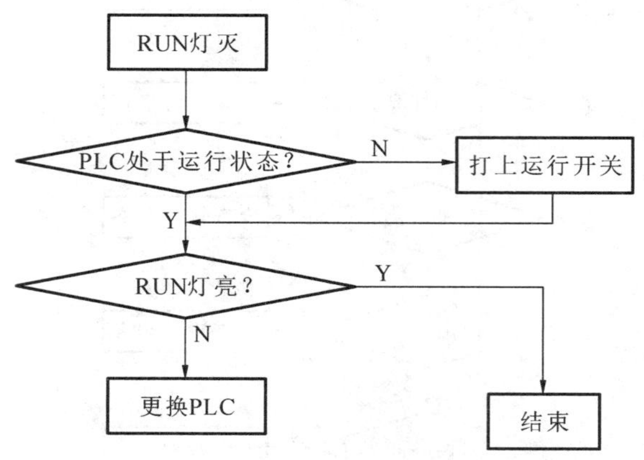

图 3-3-8　运行故障检查流程图

4. 输入、输出检查

输入、输出是 PLC 与外部设备进行信息交流的通道，其是否正常工作，除了和输入、输出单元有关外，还与连接配线、接线端子、保险管等元件状态有关。

五、袋式除尘器的应用

产业调研网发布的中国袋式除尘器行业现状调研与发展趋势分析报告（2022—2028 年）认为，静电除尘设备是我国火电行业原来主要使用的设备，但是随着排放标准的提高，袋式除尘器的功能日益凸显，袋式除尘器的使用比例有了显著提高，更多的火电厂使用袋式除尘器，尤其是新建的大型火电厂。而旧火电厂则将原有火电机组进行“电改袋”，将静电除尘设备改为袋式除尘设备。可见，袋式除尘设备将成为我国火力发电行业含尘气体除尘的主要选择。

习　题

一、填空题

1. 袋式除尘器的电控系统包括__________和__________。

2. 袋式除尘器有__________和__________两种模式。

3. 袋式除尘器主要由__________、__________、__________、__________、__________、__________等部分组成。

4. __________是袋式除尘器运行过程中的关键部分，堪称袋式除尘器的心脏。

5. 袋式除尘器按清灰方式分类可分为__________、__________、__________ 3 种。

二、简答题

1. 简述袋式除尘器的工作过程。

2. 简述袋式除尘器故障检修的步骤。

三、故障分析题

请写出以下故障的检修步骤及故障排除方法。

(1)电源指示灯不亮。

(2)程序不能写入。

(3)按下“自动启动”按钮无反应。

参考文献

常辉,2017.可编程控制器技术与应用(西门子系列)[M].2版.北京:电子工业出版社.

崔金华,2019.电器及PLC控制技术与实训(三菱)[M].2版.北京:机械工业出版社.

杜从商,2018.PLC编程应用基础(三菱)[M].北京:机械工业出版社.

胡学明,2020.三菱FX3U PLC编程一本通[M].北京:化学工业出版社.

纪青松,唐莹,2013.PLC技术与应用(三菱机型)——项目教程[M].北京:电子工业出版社.

鹿学俊,2015.PLC技术应用(三菱)[M].北京:机械工业出版社.

徐荣华,吕桃,2012.可编程控制器PLC应用技术(三菱机型)[M].北京:电子工业出版社.

张伟林,李海霞,2015.电气控制与PLC综合应用技术[M].2版.北京:人民邮电出版社.

周惠文,施永,2014.可编程控制器原理与应用[M].2版.北京:电子工业出版社.